大数据与人工智能技术丛书

数据清洗

微课视频版

◎ 黄源 何婕 编著

U0286483

清华大学出版社

北京

内 容 简 介

本书的编写目的是向读者介绍数据清洗技术的基本概念与应用。全书共 10 章，分别为数据清洗概述、文件格式、Web 数据抽取、网络爬虫、Kettle 数据清洗、数据迁移、文本数据处理、Python 数据清洗、DataCleaner 数据分析与清洗以及数据清洗综合实训。本书将理论与实践操作相结合，通过大量的案例帮助读者快速了解和应用数据清洗相关技术，并对书中重要的、核心的知识点加大练习力度，以达到熟练应用的目的。

本书可作为高等学校大数据、人工智能、云计算等专业的教材，可也作为大数据爱好者的参考书。

图书在版编目(CIP)数据

数据清洗：微课视频版/黄源，何婕编著.—北京：清华大学出版社，2021.8(2025.1重印)
(大数据与人工智能技术丛书)
ISBN 978-7-302-57747-8

Ⅰ.①数… Ⅱ.①黄… ②何… Ⅲ.①数据处理 Ⅳ.①TP274

中国版本图书馆 CIP 数据核字(2021)第 050881 号

策划编辑：魏江江
责任编辑：王冰飞　吴彤云
封面设计：刘　键
责任校对：徐俊伟
责任印制：沈　露

出版发行：清华大学出版社
　　　　　网　　　址：https://www.tup.com.cn,https://www.wqxuetang.com
　　　　　地　　　址：北京清华大学学研大厦 A 座　　　　　　邮　　编：100084
　　　　　社 总 机：010-83470000　　　　　　　　　　　　　邮　　购：010-62786544
　　　　　投稿与读者服务：010-62776969，c-service@tup.tsinghua.edu.cn
　　　　　质量反馈：010-62772015，zhiliang@tup.tsinghua.edu.cn
　　　　　课件下载：https://www.tup.com.cn,010-83470236
印 装 者：三河市铭诚印务有限公司
经　　销：全国新华书店
开　　本：185mm×260mm　　　　　印　张：17.75　　　　字　　数：421 千字
版　　次：2021 年 8 月第 1 版　　　　印　　次：2025 年 1 月第 6 次印刷
印　　数：5101~6100
定　　价：49.80 元

产品编号：088191-01

前　言

　　党的二十大报告指出：教育、科技、人才是全面建设社会主义现代化国家的基础性、战略性支撑。必须坚持科技是第一生产力、人才是第一资源、创新是第一动力，深入实施科教兴国战略、人才强国战略、创新驱动发展战略，开辟发展新领域新赛道，不断塑造发展新动能新优势。高等教育与经济社会发展紧密相连，对促进就业创业、助力经济社会发展、增进人民福祉具有重要意义。

　　当前，发展大数据已经成为国家战略，大数据在引领经济社会发展中的新引擎作用更加明显。2014年，"大数据"首次出现在我国《政府工作报告》中。报告中指出："要设立新兴产业创业创新平台，在大数据等方面赶超先进，引领未来产业发展。""大数据"逐渐在国内成为热议的词汇。2015年，国务院正式印发《促进大数据发展行动纲要》，明确指出要不断地推动大数据发展和应用，在未来打造精准治理、多方协作的社会治理新模式，建立运行平稳、安全高效的经济运行新机制，构建以人为本、惠及全民的民生服务新体系，开启大众创业、万众创新的创新驱动新格局，培育高端智能、新兴繁荣的产业发展新生态。

　　数据清洗是整个数据分析过程中不可缺少的一个环节，其结果质量直接关系到模型效果和最终结论。在大数据的体系中，只有获取准确无误的数据才能有效地支持最终的决策，因此，系统地学习关于数据清洗的知识十分必要。

　　本书以理论与实践操作相结合的方式深入讲解了数据清洗的基本知识和实现方法，在内容设计上既有上课时老师的讲述部分（包括详细的理论与典型的案例），又有大量的实训环节，双管齐下，极大地激发了学生在课堂上的学习积极性与主动创造性，让学生在课堂上跟上老师的思维，从而学到更多有用的知识和技能。

　　全书共10章，分别为数据清洗概述、文件格式、Web数据抽取、网络爬虫、Kettle数据清洗、数据迁移、文本数据处理、Python数据清洗、DataCleaner数据分析与清洗以及数据清洗综合实训。

　　本书特色如下。

　　（1）采用"理实一体化"教学方式，课堂上既有老师的讲述，又有学生独立思考、上机操作的内容。

　　（2）注重技术变化，书中既包含使用Python进行数据清洗的讲解，也包含最新的数据清洗的开源工具的使用。

　　（3）本书的编者具有多年的教学经验，书中重点和难点突出，能够激发学生的学习热情。

　　（4）提供丰富的教学资源，包含教学大纲、教学课件、电子教案、习题答案、程序源码和期末试卷。

（5）对本书中的重点知识和难点知识配有 200 分钟的微课视频，方便学生课后学习。

（6）提供了在线题库。为每章提供在线习题，包括填空题、选择题、判断题、简答题和论述题，并提供习题解答。

资源下载提示

课件等资源：扫描封底的"课件下载"二维码，在公众号"书圈"下载。

素材（源码）等资源：扫描目录上方的二维码下载。

在线作业：扫描封底作业系统二维码，登录网站在线做题及查看答案。

视频等资源：扫描封底刮刮卡中的二维码，再扫描书中相应章节中的二维码，可以在线学习。

本书建议教学学时为 72 学时，具体分布如下所示。

章　　节	建议学时
数据清洗概述	4
文件格式	4
Web 数据抽取	6
网络爬虫	6
Kettle 数据清洗	16
数据迁移	6
文本数据处理	6
Python 数据清洗	16
DataCleaner 数据分析与清洗	4
数据清洗综合实训	4

本书由黄源和何婕编写。其中，黄源编写了第 1 章、第 3 章、第 5～10 章；何婕编写了第 2 章和第 4 章；全书由黄源负责统稿工作。

本书是校企合作共同编写的结果，在编写过程中得到了重庆誉存大数据有限公司黄远江博士的大力支持！

在编写过程中，我们参阅了大量的相关资料，在此表示感谢！

由于编者水平有限，书中难免出现疏漏之处，衷心希望广大读者批评指正。

编　者

2021 年 4 月于重庆

目　录

源码下载

第 1 章

数据清洗概述

本章学习目标
- 了解数据清洗的概念
- 了解数据清洗的对象
- 了解数据清洗的常用方法
- 了解数据质量的定义
- 了解主数据与元数据
- 了解数据清洗中的统计基础
- 了解数据清洗的常见环境
- 了解数据清洗的常用工具

本章先向读者介绍数据清洗的概念和数据清洗的对象,再介绍数据清洗的常用方法,接着介绍数据质量的定义、主数据与元数据、统计基础等,最后介绍数据清洗的常见环境和数据清洗的常用工具。

1.1 数据清洗基础

1.1.1 数据清洗的定义

1. 数据清洗介绍

数据的不断剧增是大数据时代的显著特征,大数据必须经过清洗、分析、建模、可视化才能体现其潜在的价值。然而,在众多数据中总是存在着许多"脏"数据,即不完整、不规范、不准确的数据。因此,数据清洗就是指把"脏数据"彻底洗掉,包括检查数据一致性,处

视频讲解

理无效值和缺失值等,从而提高数据质量。例如,在大数据项目的实际开发工作中,数据清洗通常占开发过程总时间的50%~70%。

数据清洗可以有多种表述方式,其定义依赖于具体的应用,它的定义在不同的应用领域中不完全相同。例如,在数据仓库环境下,数据清洗是抽取转换装载过程的一个重要部分,在数据清洗时要充分考虑数据仓库的集成性和面向主题的需要(包括数据的清洗和结构转换)。

视频讲解

2. 数据清洗的对象

数据清洗的对象可以按照来源领域和产生领域进行分类。前者属于宏观层面的划分,后者属于微观层面的划分。

1) 数据来源领域

目前在数字化应用较多的领域都涉及数据清洗,如数字化文献服务、搜索引擎、金融领域、政府机构等,数据清洗的目的是为信息系统提供准确而有效的数据。

在数字化文献服务领域,进行数字化文献资源加工时,一些识别软件有时会造成字符识别错误,或由于标引人员的疏忽而导致标引词的错误等,这是数据清洗需要完成的任务。

搜索引擎为用户在互联网上查找具体的网页提供了方便,它是通过为某网页的内容进行索引而实现的。而一个网页上到底哪些部分需要索引,则是数据清洗需要关注的问题。例如,网页中的广告部分,通常是不需要索引的。按照网络数据清洗的粒度不同,可以将网络数据清洗分为两类,即 Web 页面级别的数据清洗和基于页面内部元素级别的数据清洗,前者以 Google 公司提出的 PageRank 算法和 IBM 公司 Clever 系统的 HITS (Hyperlink-Induced Topic Search)算法为代表;而后者的思路则集中体现在作为 MSN 搜索引擎核心技术之一的 VIPS(Visual Based Page Segment)算法上。

在金融系统中,也存在很多"脏数据",主要表现为数据格式错误、数据不一致、数据重复或错误、业务逻辑不合理、违反业务规则等,具体如未经验证的身份证号码、未经验证的日期字段等,还有账户开户日期晚于销户日期、交易处理的操作员号不存在、性别超过取值范围等。此外,也有因为源系统基于性能的考虑,放弃了外键约束,从而导致数据不一致的结果。这些数据也都需要进行清洗。

在政府机构中,如何进行数据治理也是一个急需解决的问题,特别是在电子政务建设和信息安全保障建设中。通过实施数据清洗,可以为政府数据归集和开发利用以及政府数据资源共享与开放提供强大的支撑。

2) 数据产生领域

在微观层面,数据清洗的对象分为模式层数据和实例层数据。其中,模式层是指存储数据的数据库结构,而实例层是指在数据库中具体存储的数据记录,本书主要讲述实例层的数据清洗。

实例层数据清洗的主要任务是过滤或修改那些不符合要求的数据,主要包含不完整的数据、错误的数据和重复的数据三大类。

(1) 不完整的数据。不完整的数据也叫作缺失数据(缺失值),是指在该数据中的一些应该有的信息缺失,如在数据表中缺失了员工姓名、机构名称、分公司的名称、区域信息、邮编地址等。造成数据缺失的原因大致有以下几个:信息暂时无法获取;信息被遗漏；获取这些信息的代价太大；系统实时性能要求较高或有些对象的某个(或某些)属性是不可用的。

(2) 错误的数据。错误的数据是指在数据库中出现了错误的数据值,错误值包括输入错误和错误数据。输入错误是由原始数据录入人员的疏忽造成的,而错误数据大多是由一些客观原因引起的,如填写的人员所属单位的不同和人员的升迁等。这些错误数据产生的原因大多是在接收输入后没有进行判断而直接写入后台数据库,如将数值数据输成全角数字字符、字符串数据后有一个回车、日期格式不正确、日期越界等。

此外,在错误的数据中还包含了异常数据(异常值)。异常数据是指所有记录中一个或几个字段间绝大部分遵循某种模式而其他不遵循该模式的记录,如年龄超过历史上的最高记录年龄、考试成绩为负数、人的身高为负数等。例如,某公司客户 A 的年收入是 20 万元,但意外地在数据输入操作时附加一个零,因此现在的收入就是 200 万元,与其他人相比,这就是异常数据。

(3) 重复的数据。重复的数据也叫作"相似重复记录"或"冗余的数据"。它指同一个现实实体在数据集合中用多条不完全相同的记录来表示,由于它们在格式、拼写上的差异,导致数据库管理系统不能正确识别。从狭义的角度看,如果两条记录在某些字段的值相等或足够相似,则认为这两条记录互为相似重复,识别相似重复记录是数据清洗活动的核心。图 1-1 显示了重复的数据。

id	student_id	name	course_id	course_name	score
1	2005001	张三	1	数学	69
2	2005002	李四	1	数学	89
3	2005001	张三	1	数学	69

图 1-1　重复的数据

1.1.2　数据清洗的原理

数据清洗的原理为：利用有关技术(如统计方法、数据挖掘方法、模式规则方法等)将"脏数据"转换为满足数据质量要求的数据。数据清洗按照实现方式与范围,可分为手工清洗和自动清洗。

1. 手工清洗

手工清洗是通过人工对录入的数据进行检查。这种方法较为简单,只要投入足够的人力、物力和财力,就能发现所有错误,但效率低下。在数据量较大的情况下,手工清洗数据的操作几乎是不可能的。

2. 自动清洗

自动清洗是由机器进行相应的数据清洗。这种方法能解决某个特定的问题,但不够灵活,特别是在清洗过程需要反复进行(一般来说,数据清洗一遍就达到要求的很少)时,导致程序复杂,清洗过程变化时,工作量大,而且这种方法也没有充分利用目前数据库提供的强大数据处理能力。

　　此外,随着数据挖掘技术的不断提升,在自动清洗中常常使用清洗算法与清洗规则帮助完成。清洗算法与清洗规则是根据相关的业务知识,应用相应的技术,如统计学、数据挖掘的方法,分析出数据源中数据的特点,并且进行相应的数据清洗。常见的清洗方式主要有两种:一种是发掘数据中存在的模式,然后利用这些模式清理数据;另一种是基于数据的清洗模式,即根据预定义的清理规则,查找不匹配的记录,并清洗这些记录。值得注意的是,数据清洗规则已经在工业界被广泛利用,常见的数据清洗规则有编辑规则、修复规则、Sherlock 规则和探测规则等。

　　例如,编辑规则在关系表和主数据之间建立匹配关系,若关系表中的属性值和与其匹配到的主数据中的属性值不相等,就可以判断关系表中的数据存在错误。

1.1.3　数据清洗的流程

　　数据清洗的总体流程如图 1-2 所示。

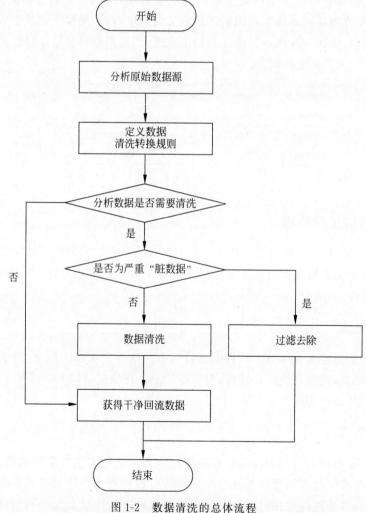

图 1-2　数据清洗的总体流程

从图 1-2 可以看出,在数据清洗中,原始数据源是数据清洗的基础,数据分析是数据清洗的前提,而定义数据清洗转换规则是关键。在大数据清洗中,具体的数据清洗规则主要有非空检核、主键重复、非法代码清洗、非法值清洗、数据格式检核和记录数检核等。

(1) 非空检核:要求字段为非空的情况下,对该字段数据进行校核,如果为空,需要进行相应处理。

(2) 主键重复:多个业务系统中同类数据经过清洗后,在统一保存时,为保证主键唯一性,需要进行检核工作。

(3) 非法代码清洗和非法值清洗:非法代码问题包括非法代码、代码与数据标准不一致等,非法值问题包括取值错误、格式错误、多余字符、乱码等,需要根据具体情况进行校核与修正。

(4) 数据格式检核:通过检查表中属性值的格式是否正确衡量其准确性,如时间格式、币种格式、多余字符、乱码等。

(5) 记录数检核:指各个系统相关数据之间的数据总数检核或数据表中每日数据量的波动检核。

值得注意的是,目前机器学习和众包技术的发展为数据清洗的研究工作注入了新的活力。机器学习技术可以从用户记录中学习制定清洗决策的规律,从而减轻用户标注数据的负担。同时,从清洗规则到机器学习模型的转换使用户不再需要制定大量的数据清洗规则。众包技术则把数据清洗任务发布到互联网,集中众多用户的知识和决策,从而通过众包的形式充分利用外部资源优势,在降低清洗代价的同时,提高数据清洗的准确度和效率。

1.1.4　数据清洗的常用方法

1. 缺失值处理方法

在数据集中,若某记录的属性值被标记为空白或"—"等,则认为该记录存在缺失值(空值),它也常指不完整的数据。缺失值产生的原因多种多样,主要分为机械原因和人为原因。机械原因是由机械导致的数据收集或保存的失败造成的数据缺失,如数据存储的失败、存储器损坏、机械故障导致某段时间数据未能收集。人为原因是人的主观失误、历史局限或有意隐瞒造成的数据缺失,如在市场调查中被访人拒绝透露相关问题的答案,或者回答的问题是无效的,或者是在数据录入时由于操作人员失误漏录了数据等。

对于缺失数据的清洗方法较多,如将存在遗漏信息属性值的对象(元组、记录)删除;或者将数据过滤出来,按缺失的内容分别写入不同数据库文件并要求客户或厂商重新提交新数据,要求在规定的时间内补全,补全后才继续写入数据仓库中;有时也可以用一定的值去填充空值,从而使信息表完备化。填充空值通常基于统计学原理,根据初始数据集中其余对象取值的分布情况对一个缺失值进行填充。

处理缺失值按照以下 4 个步骤进行。

(1) 确定缺失值范围:对每个字段都计算其缺失值比例,然后按照缺失比例和字段重要性,分别制定策略。

(2) 对于一些重要性高、缺失率较低的缺失值,可根据经验或业务知识估计,也可通过计算进行填补。

（3）对于指标重要性高，缺失率也高的缺失值，需要向取数人员或业务人员了解，是否有其他渠道可以取到相关数据，必要时进行重新采集。若无法取得相关数据，则需要对缺失值进行填补。

（4）对于指标重要性低，缺失率也低的缺失值，可只进行简单填充或不作处理；对于指标重要性低，缺失率高的缺失值，可备份当前数据，然后直接删除不需要的字段。

值得注意的是，对缺失值进行填补后，输入的值可能不正确，数据可能会存在偏置，并不十分可靠。因此，在估计缺失值时，通过考虑该属性的值的整体分布与频率，保持该属性的整体分布状态。

2. 错误数据处理方法

错误数据是指数据库实例中某些不为空的属性值是错误的，如属性域错误、拼写错误、格式错误等。数据错误有时会引发数据冲突，但是不冲突的数据不一定是正确数据。错误数据包含格式内容问题数据和逻辑问题数据两类。

1）格式内容问题数据处理

格式内容问题有以下 3 类。

（1）时间、日期、数值、全半角等显示格式不一致。处理此类问题的方法是将其处理成一致的某种格式。这种情况的数据多数由人工收集或用户填写而来，很有可能在格式和内容上会存在一些问题。另外，在整合多来源数据时也有可能遇到此类问题。

（2）内容中有不该存在的字符。处理此类问题需要以半自动校验半人工方式找出可能存在的问题，并去除不需要的字符。典型问题有数据的开始、中间或结尾存在空格，或姓名中存在数字符号、居民身份证号中出现汉字等。

（3）数据内容与该字段应有内容不符。该类问题不能简单地以删除来处理，因为成因复杂，可能是人工填写错误、前端没有校验、导入数据时部分或全部存在列没有对齐的问题等，因此要详细识别问题类型。

2）逻辑问题数据处理

逻辑问题数据处理一般采用逻辑推理的方法，可以去掉一些使用简单逻辑推理即可直接发现问题的数据，防止分析结果错误。主要包含以下 3 个步骤。

（1）去重处理。去重处理一般放在格式内容清洗之后，原因是格式内容清理之后才能总体发现重复的业务数据。

（2）离群值（异常值）处理。离群值是指采集数据时可能因为技术或物理原因，数据取值超过数据值域范围。值得注意的是，异常值是数据分布的常态，处于特定分布区域或范围之外的数据通常被定义为异常或噪声。异常值常分为两种：伪异常和真异常。伪异常是由于特定的业务运营动作产生，是正常反映业务的状态，而不是数据本身的异常；真异常不是由于特定的业务运营动作产生，而是数据本身分布异常，即离群值。

为处理离群值，首先要识别离群值。目前对于异常值的检测可以通过分析统计数据的散度情况，即数据变异指标，来对数据的总体特征有更进一步的了解。常用的数据变异指标有极差、四分位数间距、均差、标准差、变异系数等。此外，也可以使用 3σ 原则检测异常数据。该方法是指若数据存在正态分布，那么在 3σ 原则下，异常值为一组测定值中与

平均值的偏差超过 3 倍标准差的值。如果数据服从正态分布,距离平均值 3σ 以外的值出现的概率为 $P(|x-\mu|>3\sigma)\leqslant0.003$,属于极个别的小概率事件。

在识别离群值后,操作人员需要按照经验和业务流程判断其值的合理性。若此数值合理,则保留该数值;若不合理,则按照其重要性考虑是否需要重新采集。对于重要性较高而又无法重新采集的数值,按照缺失值办法处理。对于重要性较低的数值,可直接去除。

(3) 矛盾内容处理。矛盾内容是指数据内容(字段)存在前后不一致的情况,处理矛盾内容可以对存在前后不一致的字段进行互相验证。在实际操作中,需要根据字段的数据来源判定哪个字段提供的信息更可靠,并最终去除或重构不可靠字段。

1.1.5 数据清洗的评估描述

数据清洗的评估实质上是对清洗后的数据的质量进行评估,而数据质量的评估过程是一种通过测量和改善数据综合特征优化数据价值的过程。数据质量评价指标和方法研究的难点在于数据质量的含义、内容、分类、分级、质量的评价指标等。

在进行数据质量评估时,要根据具体的数据质量评估需求对数据质量评估指标进行相应的取舍。但是,数据质量评估至少应该包含以下两方面的基本评估指标:数据对用户必须是可信的和数据对用户必须是可用的。

1. 数据对用户必须是可信的

数据可信性主要包括精确性、完整性、一致性、有效性、唯一性等指标。
- 精确性描述数据是否与其对应的客观实体的特征相一致。
- 完整性描述数据是否存在缺失记录或缺失字段。
- 一致性描述同一实体的同一属性的值在不同的系统是否一致。
- 有效性描述数据是否满足用户定义的条件或在一定的域值范围内。
- 唯一性描述数据是否存在重复记录。

2. 数据对用户必须是可用的

数据可用性主要包括时间性、稳定性等指标。
- 时间性描述数据是当前数据还是历史数据。
- 稳定性描述数据是否是稳定的,是否在其有效期内。

1.1.6 数据清洗中的常用评测数据集

用于数据清洗质量测评的真实脏数据集分为有人工标注错误数据的脏数据集和无人工标注的脏数据集。下面介绍几种常用的测评数据集。

(1) RESTAURANT。有人工标注的检测数据冗余的常用数据集。该数据集包含858 条,36 万对餐馆信息,其中 106 对数据指代的是同一个餐馆,即冗余数据。

(2) WEBTABLE。检测错误数据常用的数据集。WEBTABLE 包含两组网页表格,分别是 WWT 和 WEX。WWT 有人工标注,包含 6318 个网页表格;WEX 无人工标注,包含 24 万个网页表格。

(3) Pima Indians Diabetes Database。该数据集的目标是根据数据集中包含的某些诊断测量值,诊断性地预测患者是否患有糖尿病。该数据集来自 UCI-ML REPOSITORY 的数据集,其中包含 768 条记录,脏数据没有被人工标出。

除此之外,常用于注入噪声的干净数据集如下。

(1) HOSPITAL。来自美国卫生署,检测数据冲突常用的数据集。该数据集包含 11 万条关于医院信息的记录,每条记录包含 19 个属性。该数据集上有 9 个函数依赖。

(2) TAX。检测数据冲突常用的数据生成器,可生成任意条记录。该数据集存储了个人的地址和纳税信息,每条记录包含 13 个属性。该数据集上有 9 个函数依赖。

用于生成数据噪声的工具如下。

(1) BART。它是注入数据噪声的基准程序,支持注入拼写错误、冗余数据、离群数据和缺失数据。除此之外,BART 还可以根据用户输入的否定约束生成数据噪声。很多清洗规则都可以转换成否定约束,如函数依赖、条件函数依赖、修复规则等。BART 还允许用户声明某些数据是不可变动的,因此间接支持了编辑规则。

(2) QNOISE。它是一种基于 Java 的噪声数据生成器,由卡塔尔计算研究所的数据分析小组开发。QNOISE 支持注入如下 4 种类型的噪声:空数据(NULL)、伪缺失数据、冗余数据和基于特定完整性约束的冲突数据。

图 1-3 显示了常用于学习的 Titanic 数据集的部分数据。

	A	B	C	D	E	F	G	H	I	J	K	L
1	Passenger	Survived	Pclass	Name	Sex	Age	SibSp	Parch	Ticket	Fare	Cabin	Embarked
2	1	0	3	Braund, M	male	22	1	0	A/5 21171	7.25		S
3	2	1	1	Cumings,	female	38	1	0	PC 17599	71.2833	C85	C
4	3	1	3	Heikkiner	female	26	0	0	STON/O2.	7.925		S
5	4	1	1	Futrelle,	female	35	1	0	113803	53.1	C123	S
6	5	0	3	Allen, Mr	male	35	0	0	373450	8.05		S
7	6	0	3	Moran, Mr	male		0	0	330877	8.4583		Q
8	7	0	1	McCarthy,	male	54	0	0	17463	51.8625	E46	S
9	8	0	3	Palsson,	male	2	3	1	349909	21.075		S
10	9	1	3	Johnson,	female	27	0	2	347742	11.1333		S
11	10	1	2	Nasser, M	female	14	1	0	237736	30.0708		C
12	11	1	3	Sandstrom	female	4	1	1	PP 9549	16.7	G6	S
13	12	1	1	Bonnell,	female	58	0	0	113783	26.55	C103	S
14	13	0	3	Saunderco	male	20	0	0	A/5. 2151	8.05		S
15	14	0	3	Andersson	male	39	1	5	347082	31.275		S
16	15	0	3	Vestrom,	female	14	0	0	350406	7.8542		S
17	16	1	2	Hewlett,	female	55	0	0	248706	16		S
18	17	0	3	Rice, Mas	male	2	4	1	382652	29.125		Q
19	18	1	2	Williams,	male		0	0	244373	13		S
20	19	0	3	Vander Pl	female	31	1	0	345763	18		S
21	20	1	3	Masselmar	female		0	0	2649	7.225		C
22	21	0	2	Fynney, M	male	35	0	0	239865	26		S
23	22	1	2	Beesley,	male	34	0	0	248698	13	D56	S
24	23	1	3	McGowan,	female	15	0	0	330923	8.0292		Q
25	24	1	1	Sloper, M	male	28	0	0	113788	35.5	A6	S
26	25	0	3	Palsson,	female	8	3	1	349909	21.075		S
27	26	1	3	Asplund,	female	38	1	5	347077	31.3875		S
28	27	0	3	Emir, Mr.	male		0	0	2631	7.225		C
29	28	0	1	Fortune,	male	19	3	2	19950	263	C23 C25 C	S
30	29	1	3	O'Dwyer,	female		0	0	330959	7.8792		Q
31	30	0	3	Todoroff,	male		0	0	349216	7.8958		S
32	31	0	1	Uruchurtu	male	40	0	0	PC 17601	27.7208		C
33	32	1	1	Spencer,	female		1	0	PC 17569	146.5208	B78	C
34	33	1	3	Glynn, Mi	female		0	0	335677	7.75		Q
35	34	0	2	Wheadon,	male	66	0	0	C.A. 2457	10.5		S
36	35	0	1	Meyer, Mr	male	28	1	0	PC 17604	82.1708		C
37	36	0	1	Holverson	male	42	1	0	113789	52		S
38	37	1	3	Mamee, Mr	male		0	0	2677	7.2292		C
39	38	0	3	Cann, Mr.	male	21	0	0	A./5. 215	8.05		S
40	39	0	3	Vander Pl	female	18	2	0	345764	18		S
41	40	1	3	Nicola-Ya	female	14	1	0	2651	11.2417		C
42	41	0	3	Ahlin, Mr	female	40	1	0	7546	9.475		S
43	42	0	2	Turpin, M	female	27	1	0	11668	21		S

图 1-3　Titanic 数据集的部分数据

1.2　数据质量与数据仓库

1.2.1　数据质量的定义

数据无处不在,企业的数据质量与业务绩效之间存在直接联系。随着企业数据规模的不断扩大、数据数量的不断增加以及数据来源的复杂性的不断变化,企业正在努力探索如何解决这些问题。

在大数据的时代,数据资产及其价值利用能力逐渐成为构成企业核心竞争力的关键要素。然而,大数据应用必须建立在质量可靠的数据之上才有意义,建立在低质量甚至错误数据之上的应用有可能与其初心南辕北辙、背道而驰。因此,数据质量正是企业应用数据的瓶颈,高质量的数据可以决定数据应用的上限,而低质量的数据则必然拉低数据应用的下限。因此,数据清洗的目的就是真正提高数据质量。

数据质量一般指数据能够真实、完整反映经营管理实际情况的程度,通常可从以下几方面衡量和评价。

1. 准确性

准确性是指数据在系统中的值与真实值相比的符合情况。一般而言,数据应符合业务规则和统计口径。常见的数据准确性问题如下。

(1) 与实际情况不符:数据来源存在错误,难以通过规范进行判断与约束。

(2) 与业务规范不符:在数据的采集、使用、管理、维护过程中,业务规范缺乏或执行不力,导致数据缺乏准确性。

2. 完整性

完整性是指数据的完备程度。常见的数据完整性问题如下。

(1) 系统已设定字段,但在实际业务操作中并未完整采集该字段数据,导致数据缺失或不完整。

(2) 系统未设定字段或存在数据需求,但未在系统中设定对应的取数字段。

3. 一致性

一致性是指系统内外部数据源之间的数据一致程度、数据是否遵循了统一的规范、数据集合是否保持了统一的格式。常见的数据一致性问题如下。

(1) 缺乏系统联动:系统间应该相同的数据却不一致。

(2) 联动出错:在系统中缺乏必要的联动和核对。

4. 可用性

可用性一般用来衡量数据项整合和应用的可用程度。常见的数据可用性问题如下。

(1) 缺乏应用功能,没有相关的数据处理、加工规则或数据模型的应用功能获取目标数据。

（2）缺乏整合共享，数据分散，不易有效整合和共享。

其他衡量标准，如有效性可考虑对数据格式、类型、标准的遵从程度，合理性可考虑数据符合逻辑约束的程度。对国内某企业数据质量问题进行的调研显示：常见数据质量问题中准确性问题占33%，完整性问题占28%，可用性问题占24%，一致性问题占8%，这在一定程度上反映了国内企业面临的数据问题。

1.2.2　常见的数据质量问题

常见的数据质量问题可以根据数据源的多少和所属层次分为4类。

（1）单数据源定义层：违背字段约束条件（如日期出现1月0日）、字段属性依赖冲突（如两条记录描述同一个人的某个属性，但数值不一致）、违反唯一性（同一个主键ID出现了多次）。

（2）单数据源实例层：单个属性值含有过多信息、拼写错误、空白值、噪声数据、数据重复、过时数据等。

（3）多数据源的定义层：同一个实体的不同称呼（如冰心和谢婉莹，用笔名还是用真名）、同一种属性的不同定义（如字段长度定义不一致、字段类型不一致等）。

（4）多数据源的实例层：数据的维度、粒度不一致（如有的按吉字节（GB）记录存储量，有的按太字节（TB）记录存储量；有的按照年度统计，有的按照月份统计）、数据重复、拼写错误。

除此之外，还有在数据处理过程中产生的"二次数据"，其中也会有噪声、重复或错误的情况。数据的调整和清洗也会涉及格式、测量单位和数据标准化与归一化的相关问题，以致对实验结果产生比较大的影响。通常这类问题可以归结为不确定性。不确定性有两方面内涵，包括各数据点自身存在的不确定性，以及数据点属性值的不确定性。前者可用概率描述，后者有多种描述方式，如描述属性值的概率密度函数、以方差为代表的统计值等。

1.2.3　数据质量与数据清洗

在不同的学科背景下，数据质量需求的表示方式各不相同。在数据内容层面，要求数据具有正确性、完整性、一致性、可靠性等；在数据效用层面，要求数据具有及时性、相关性、背景性等。学术界的研究多聚焦于数据内容质量的提升，特别是缺失数据补全、数据去重和错误数据纠正，此时指导数据清洗的指标可以具体表示为以下几种。

1. 完整性约束

实体完整性约束规定数据表的主键不能为空和重复；域完整性约束要求数据表中的列必须满足某种特定的数据类型约束；参照完整性约束规定了数据表主键和外键的一致性。此外，还有用户定义的完整性约束。这些约束大多可以反映属性或属性组之间互相依存和制约的关系，干净的数据需要满足这些约束条件。例如，函数依赖 $X \rightarrow Y$，其中 X 和 Y 均为属性集 $R = \{A_1, A_2, \cdots, A_m\}$ 的子集。给定实例中的两个元组 t_1 和 t_2，如果 $t_1[X] = t_2[X]$，那么必须有 $t_1[Y] = t_2[Y]$。

2. 数据清洗规则

数据清洗规则可以指明数据噪声及其对应的正确值,当数据表中的属性值与规则指出的真值匹配时,该数据满足数据质量需求。有的数据清洗规则直接把真值编码在规则中,如修复规则;而有的数据清洗规则需要通过建立外部数据源与数据库实例之间的对应关系获取正确的数据,如编辑规则、Sherlock 规则和探测规则。常用的外部数据源有主数据和知识库。数据清洗规则含义广泛,数据质量标准和规范多可以形式化为数据清洗规则。

3. 用户需求

这里的用户需求是指由用户直接指明数据库实例中的错误数据和修复措施。用户标注部分数据后,可以通过监督式学习方法(如支持向量机和随机森林)模拟用户行为。

1.2.4 数据仓库与 ETL

1. 数据仓库

顾名思义,数据仓库(Data Warehouse,DW)是一个很大的数据存储集合,出于企业的分析性报告和决策支持目的而创建,并对多样的业务数据进行筛选与整合。数据仓库是决策支持系统和联机分析应用数据源的结构化数据环境,它研究和解决从数据库中获取信息的问题,并为企业所有级别的决策制定过程,提供所有类型数据支持的战略集合。图 1-4 显示了数据仓库在大数据系统中的地位。

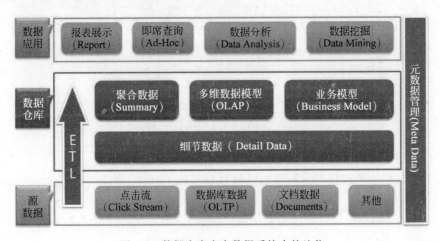

图 1-4 数据仓库在大数据系统中的地位

从图 1-4 可以看出,数据仓库在大数据系统中起着承上启下的作用。一方面,它从各种数据源中提取所需的数据;另一方面,对这些数据集合进行存储、整合与挖掘,从而最终帮助企业的高层管理者或业务分析人员做出商业战略决策或商业报表。

数据仓库的特点如下。

(1) 数据仓库是集成的。数据仓库的数据是从原有分散的数据库的数据中抽取而来的。例如,数据仓库的数据有的来自分散的操作型数据,这就需要将所需数据从原来的数据中抽取出来,进行加工与集成,统一与综合之后才能进入数据仓库。

(2) 数据仓库是面向主题的。主题是指用户使用数据仓库进行决策时所关心的重点方面,一个主题通常与多个操作型信息系统相关。由于数据仓库都是基于某个明确主题,因此只需要与该主题相关的数据,其他无关细节数据将被排除掉。

(3) 数据仓库是在数据库已经大量存在的情况下,为进一步挖掘数据资源和决策需要而产生的。数据仓库的方案建设的目的是为前端查询和分析提供基础。

视频讲解

2. ETL

数据仓库中的数据来源十分复杂,既有可能位于不同的平台上,又有可能位于不同的操作系统中,同时数据模型也相差较大。因此,为了获取并向数据仓库中加载这些大量且种类较多的数据,一般要使用专业的工具来完成这一操作。

ETL 是 Extract-Transform-Load 的缩写,用来描述将数据从源端经过抽取、转换、加载至目的端的过程。在数据仓库的语境下,ETL 基本上就是数据采集的代表,包括数据的抽取(Extract)、转换(Transform)和加载(Load)。在转换的过程中,需要针对具体的业务场景对数据进行治理,如对非法数据进行监测与过滤、对数据进行格式转换与规范化、对数据进行替换以及保证数据完整性等。

图 1-5 显示了 ETL 在数据仓库中的作用。

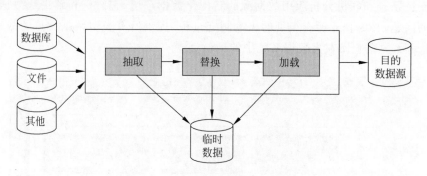

图 1-5　ETL 在数据仓库中的作用

1) ETL 流程

ETL 的流程主要包括数据抽取、数据转换和数据加载,下面分别介绍。

(1) 数据抽取。

数据抽取是指把数据从数据源读出来,一般用于从源文件和源数据库中获取相关的数据,目前在实际应用中,数据源较多采用的是关系数据库。

① 全量抽取。全量抽取类似于数据迁移或数据复制,它将数据源中的表或视图原封不动地从数据库中抽取出来,并转换成自己的 ETL 工具可以识别的格式。全量抽取通常比较简单。

② 增量抽取。增量抽取只抽取自上次抽取以来要抽取的表中新增或修改的数据。如何捕获变化的数据是增量抽取的关键。对捕获方法一般有两点要求:准确性,能够将

业务系统中的变化数据按一定的频率准确地捕获到；性能，不能对业务系统造成太大的压力，影响现有业务。在 ETL 使用过程中，增量抽取较全量抽取应用更广。

值得注意的是，数据抽取并不仅是根据业务确定公共需求字段，更涉及从不同类型的数据库（Oracle、MySQL、DB2、Vertica 等）、不同类型的文件系统（Linux、Windows、Hadoop 分布式文件系统）、以何种方式（数据库抽取、文件传输、流式）何种频率（分钟、小时、天、周、月）、何种抽取方式（全量抽取、增量抽取）获取数据。所以，具体的实现也包含了大量的工作和技术难点。

（2）数据转换。

数据转换在 ETL 中常处于中心位置，它把原始数据转换成期望的格式和维度。如果用在数据仓库的场景下，数据转换也包含数据清洗，如需要根据业务规则对异常数据进行清洗，保证后续分析结果的准确性。值得注意的是，数据转换既可以包含简单的数据格式的转换，也可以包含复杂的数据组合的转换。此外，数据转换还包括许多功能，如常见的记录级功能和字段级功能。

（3）数据加载。

数据加载是指把处理后的数据加载到目标处，如数据仓库或数据集市中。加载数据到目标处的基本方式是刷新加载和更新加载。其中，刷新加载常用于数据仓库首次被创建时的填充；而更新加载则用于目标数据仓库的维护。值得注意的是，加载数据到数据仓库中通常意味着向数据仓库中的表添加新行，或者在数据仓库中清洗被识别为无效的或不正确的数据。此外，在实际工作中，数据加载需要结合使用的数据库系统（Oracle、MySQL、Spark、Impala 等），确定最优的数据加载方案，以节约中央处理器（Central Processing Unit，CPU）、硬盘和网络传输资源。

2）ETL 处理方式

常见的 ETL 处理方式可分为以下 3 种。

（1）数据库外部的 ETL 处理。

数据库外部的 ETL 处理方式指的是大多数转换工作都在数据库之外，在独立的 ETL 过程中进行。这些独立的 ETL 过程与多种数据源协同工作，并将这些数据源集成。数据库外部的 ETL 处理的优点是执行速度比较快；缺点是大多数 ETL 步骤中的可扩展性必须由数据库的外部机制提供，如果外部机制不具备扩展性，那么此 ETL 处理就不能扩展。

（2）数据库段区域中的 ETL 处理。

数据库段区域中的 ETL 处理方式不使用外部引擎，而是使用数据库作为唯一的控制点。多种数据源的所有原始数据大部分未作修改就被载入中立的段结构。如果源系统是关系数据库，段表将是典型的关系型表；如果源系统是非关系型的，数据将被分段置于包含列 VARCHAR2(4000) 的表中，以便在数据库内进一步转换。成功地将外部未修改数据载入数据库后，再在数据库内部进行转换，这就是系列方法载入然后转换。数据库段区域中的 ETL 处理方式执行的步骤是抽取、加载、转换，即通常所说的 ELT。在实际数据仓库系统中经常使用这种方式。这种方式的优点是为抽取出的数据首先提供一个缓冲以便进行复杂的转换，降低了 ETL 进程的复杂度。但是这种处理方式的缺点有：在段表中存储中间结果和来自数据库中源系统的原始数据时,转换过程将被中断;大多数转换可以使用类结构化查询语言(Structured Query Language,SQL)的数据库功能来解决,但它们可能不是处理所有 ETL 问题的最优语言。

(3) 数据库中的 ETL 处理。

数据库中的 ETL 处理方式使用数据库作为完整的数据转换引擎,在转换过程中也不使用段。数据库中的 ETL 处理具有数据库段区域中的 ETL 处理方式的优点,同时又充分利用了数据库的数据转换引擎功能,但是这要求数据库必须完全具有这种转换引擎功能。目前主流的数据库产品 Oracle 9i 等可以提供这种功能。

以上 3 种 ETL 处理方式,数据库外部的 ETL 处理可扩展性差,不适合复杂的数据清洗处理;数据库段区域中的 ETL 处理可以进行复杂的数据清洗;数据库中的 ETL 处理具有数据库段区域中的 ETL 处理的优点,又利用了数据库的转换引擎功能。所以,为了进行有效的数据清洗,应该使用数据库中的 ETL 处理方式。

1.2.5 数据映射

1. 数据映射的定义

数据映射是 ETL 的基础,在 ETL 中何抽取,如何转换,加载到什么位置,这些问题都需要有一个明确的规则指导,就由数据映射来定义这些规则。这有点像软件开发过程中的设计与开发的关系,数据映射相当于软件设计,而 ETL 的执行代码实现过程相当于软件开发。数据映射涉及从一个数据库将数据字段匹配到另一个数据库的过程,是 ETL 流程的重要组成部分,它不仅可以映射两个不同的元素,还可以控制数据如何相互映射的规则。通过数据映射可促进数据迁移、数据集成和其他重要的数据管理任务。

在大数据存储中,数据有许多来源,每个来源都可以上万种方式定义相似的数据点。借助 ETL 数据映射工具的支持,使用者可以弥合两个系统或数据模型之间的差异,从而使数据以精准的方式从源中移出。

因此,数据管理以及数据仓库管理中最重要的部分就是数据映射。如果数据没有正确地映射,可能在到达目标接收端时已被破坏。确保数据映射的质量可以帮助组织在数据迁移、转换、集成等过程中接收到尽可能多的数据。

2. 数据映射的实现

执行数据映射的步骤如下。

(1) 定义必须移动的数据。对于数据集成,此步骤还定义了数据传输频率。

(2) 进行数据映射,并匹配源数据字段和目标数据字段。

(3) 数据映射后,完成转换。

(4) 使用测试系统从源数据中取样,运行传输,查看其工作方式并根据需要进行调整。

(5) 数据转换后,计划进行数据迁移或集成。

(6) 维护数据。数据映射会在添加新数据源、更改数据源或更改目标需求时进行更新。

1.2.6　主数据与元数据

1. 主数据

主数据是用来描述企业核心业务实体的数据,如客户、合作伙伴、员工、产品、物料单、账户等。它是具有高业务价值的、可以在企业内跨越各个业务部门被重复使用的数据,并且存在于多个异构的应用系统中。

一般来讲,主数据可以包括很多方面,除了常见的客户主数据之外,不同行业的客户还可能拥有其他各种类型的主数据。例如,对于电信行业客户,电信运营商提供的各种服务可以形成其产品主数据;对于航空业客户,航线、航班是企业主数据的一种。对于某个企业的不同业务部门,其主数据也不同。例如,市场销售部门关心客户信息,产品研发部门关心产品编号、产品分类等产品信息,人事部门关心员工机构。部门层次关系等信息。不过,在企业生产中,主数据可以随着企业的经营活动而改变,如客户的增加、组织架构的调整、产品下线等。但是,主数据的变化频率应该是较低的。所以,企业运营过程产生的过程数据,如生产过程产生的各种如订购记录、消费记录等,一般不会纳入主数据的范围。

值得注意的是,集成、共享、数据质量、数据治理是主数据管理的四大要素。主数据管理要做的就是从企业的多个业务系统中整合最核心的、最需要共享的数据(主数据),集中进行数据的清洗和丰富,并且以服务的方式把统一的、完整的、准确的、具有权威性的主数据分发给全企业范围内需要使用这些数据的操作型应用和分析型应用,包括各个业务系统、业务流程和决策支持系统等。

2. 元数据

元数据又称为中介数据、中继数据,是描述数据的数据,是数据仓库的重要构件和导航图,在数据源抽取、数据仓库应用开发、业务分析以及数据仓库服务等过程中都发挥着重要的作用。

视频讲解

一般来讲,元数据主要用来描述数据属性的信息,如记录数据仓库中模型的定义、各层级间的映射关系、监控数据仓库的数据状态和 ETL 的任务运行状态等。因此,元数据是对数据本身进行描述的数据,或者说,它不是对象本身,它只描述对象的属性,就是一个对数据自身进行描绘的数据。例如,人们上网购物,想要买一件衣服,那么衣服就是数据,而衣服的颜色、尺寸、做工、样式等属性就是它的元数据。

元数据一般分为技术元数据、业务元数据和管理元数据。技术元数据为开发和管理数据仓库的 IT 人员使用,它描述了与数据仓库开发、管理和维护相关的数据,包括数据源信息、数据转换描述、数据仓库模型、数据清洗与更新规则、数据映射和访问权限等。业务元数据为管理层和业务分析人员服务,从业务角度描述数据,包括商务术语、数据仓库中有什么数据、数据的位置和数据的可用性等,帮助业务人员更好地理解数据仓库中哪些数据是可用的以及如何使用。管理元数据是描述数据系统中管理领域相关概念、关系和规则的数据,主要包括人员角色、岗位职责和管理流程等信息。

元数据的主要作用如下。

(1)数据描述。对信息对象的内容属性等的描述是元数据最基本的功能。

(2)数据检索。支持用户发现资源的能力,即利用元数据更好地组织信息对象,建立它们之间的关系,为用户提供多层次、多途径的检索体系,从而有利于用户便捷、快速地发现其真正需要的信息资源。

(3)数据选择。支持用户在不必浏览信息对象本身的情况下能够对信息对象有基础的了解和认识,从而决定对检出信息的取舍。

(4)数据管理。对数据的指标、业务术语、业务规则、业务含义等业务信息进行管控,协助业务人员了解业务含义、行业术语和规则、业务指标取数据口径和影响范围等。

(5)数据评估。保存资源被使用和被评价的相关信息,通过对这些信息的使用分析,方便资源的建立,方便管理者更好地组织资源,并在一定程度上帮助用户确定该信息资源在同类资源中的重要性。

从上面的描述可以看出,元数据最大的优点是使信息的描述和分类可以实现结构化,从而为机器处理创造了可能。

图 1-6 显示了元数据在数据仓库中的管理目标。

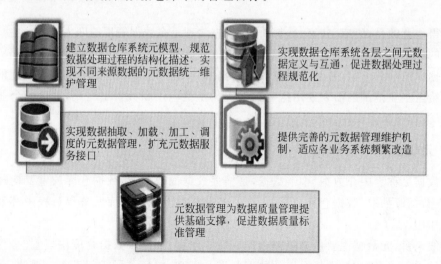

图 1-6　元数据在数据仓库中的管理目标

总的来讲,主数据是真实的企业业务数据,是企业的关键业务数据;元数据是对数据的描述,用于描述企业数据的所有信息和数据,如结构、关系、安全需求等,除提高数据可读性外,也是后续数据管理的基础。

因此,在数据清洗中,第 1 步就是分析数据源,其主要工作是查看各种数据内容。这个步骤包含两部分:首先,就是看元数据,包括字段解释、数据来源、代码表等一切描述数据的信息;其次就是抽取一部分主数据,通过人工查看方式,对数据本身有一个直观的了解,并且初步发现一些问题,从而为后面的数据处理工作做准备。

1.3 数据清洗中的统计基础

在数据清洗过程中,经常会用到一些统计方法,本节主要介绍数据清洗中最常用的统计学基础知识。

统计学主要包括描述性统计、推论统计和随机变量及其分布。描述性统计是指运用制表和分类、图形以及计算概括性数据描述数据特征的各项活动。描述性统计分析要对调查总体所有变量的有关数据进行统计性描述,主要包括数据的频数分析、集中趋势分析、离散程度分析、分布以及一些基本的统计图形。推论统计是指在抽样调查中,由样本的统计值推论总体的参数值,以及根据抽样的结果对调查前的假设做出拒绝或接受的判断的方法。推论统计分为参数估计和假设检验两部分。随机变量表示随机实验各种结果的实值单值函数、随机变量及其分布,主要有二项分布、均匀分布和正态分布等。

1.3.1 描述性统计

1. 集中趋势

集中趋势又称为"数据的中心位置",它是一组数据的代表值。集中趋势的概念就是平均(Average)的概念,它能够对总体的某一特征具有代表性,表明所研究的对象在一定时间、空间条件下的共同性质和一般水平。

1)均值

均值也叫作平均数,是表示一组数据集中趋势的量数,是指在一组数据中所有数据之和再除以这组数据的个数。值得注意的是,均值是统计中的一个重要概念,它是反映数据集中趋势的一项指标,在日常生活中经常用到,如平均速度、平均产量、平均身高、平均年龄、平均成绩等。

2)中位数

中位数(Median)又称为中值,是统计学中的专有名词,是按顺序排列的一组数据中居于中间位置的数,代表一个样本、种群或概率分布中的一个可将数值集合划分为相等的上下两部分的数值。对于有限的数集,可以通过把所有观察值高低排序后找出正中间的一个作为中位数。如果观察值有偶数个,通常取最中间的两个数值的均值作为中位数。例如,10,20,20,20,30 的中位数为 20,即第 3 个数。值得注意的是,中位数只能有一个。

3)众数

众数(Mode)是指在统计分布上具有明显集中趋势点的数值,代表数据的一般水平;也是一组数据中出现次数最多的数值,有时众数在一组数中有好几个,一般用 M 表示。例如,1,2,3,3,4 的众数是 3,而 1,2,2,3,3,4 的众数是 2 和 3。正因为众数是一种位置平均数,是总体中出现次数最多的变量值,因而它在实际工作中有时有特殊的用途。例如,要说明一个企业中工人最普遍的技术等级;说明消费者需要的内衣、鞋袜、帽子等最普遍的尺码;说明农贸市场中某种农副产品最普遍的成交价格等,都需要利用众数。

2. 离散趋势

离散趋势是在统计学上描述观测值偏离中心位置的趋势,它反映了所有观测值偏离中心的分布情况。

1) 极差

极差又称为全距,是指一组数据的观察值中的最大值和最小值之差。用公式表示为:极差＝最大观察值－最小观察值。极差的计算较简单,但是它只考虑了数据中的最大值和最小值,而忽略了全部观察值之间的差异。两组数据的最大值和最小值可能相同,于是它们的极差相等,但是离散程度可能相差很大。由此可见,极差往往不能反映一组数据的实际离散程度,它所反映的只是一组数据的最大离散程度。

2) 方差

概率论中,方差用来度量随机变量与其数学期望(即均值)之间的偏离程度。统计学中的方差(样本方差)是每个样本值与总体均值之差的平方的平均数。统计学常采用平均离均差平方和(总体方差)描述变量的变异程度。总体方差的计算式为

$$\sigma^2 = \frac{\sum (X - \mu)^2}{N}$$

其中,σ^2 为总体方差;X 为变量;μ 为总体均值;N 为总体例数。

3) 标准差

标准差又称为均方差,是离均差平方的算术平均数的平方根,用 σ 表示。标准差是方差的算术平方根。标准差能反映一个数据集的离散程度。均值相同的两组数据,标准差未必相同。简单来说,标准差是一组数据距均值分散程度的一种度量。一个较大的标准差,代表大部分数值和其均值之间差异较大;一个较小的标准差,代表这些数值较接近均值。

4) 协方差

协方差用于衡量两个变量的总体误差。如果两个变量的变化趋势一致,也就是说如果其中一个大于自身的期望值,另外一个也大于自身的期望值,那么两个变量之间的协方差就是正值;如果两个变量的变化趋势相反,即其中一个大于自身的期望值,另外一个却小于自身的期望值,那么两个变量之间的协方差就是负值。值得注意的是,方差是协方差的一种特殊情况,即两个变量相同的情况。

5) 四分位数间距

四分位数是统计学中分位数的一种,即把所有数值由小到大排列并分成 4 等份,处于 3 个分割点位置的数值就是四分位数,第三四分位数与第一四分位数的差距称为四分位数间距。四分位数间距与方差、标准差一样,通常用于表示统计资料中各变量的分散程度。四分位数间距常和中位数一起使用,并经常用于箱线图中。

6) 变异系数

变异系数又称为相对标准差(Relative Standard Deviation,RSD),变异系数(Coefficient of Variation,CV)是原始数据标准差与原始数据均值的比值。标准差只能度量一组数据对其均值的偏离程度。但若要比较两组数据的离散程度,用两个标准差直接

进行比较有时就显得不合适了。例如,一个总体的标准差为 10,均值为 100;另一个总体的标准差为 20,均值为 2000。如果直接用标准差进行比较,后一总体的标准差是前一总体标准差的 2 倍,似乎前一总体的分布集中,后一总体的分布分散。但前一总体用标准差衡量的各数据的差异量是其均值的 1/10;后一总体用标准差衡量的各数据的差异量是其均值的 1/100,是微不足道的。可见用标准差与均值的比值衡量不同总体数据的相对分散程度更合理。

1.3.2 推论统计

1. 参数估计

参数估计是推论统计的一种,它是根据从总体中抽取的随机样本估计总体分布中未知参数的过程。从估计形式来看,参数估计分为点估计和区间估计;从构造估计量的方法来看,参数估计分为矩法估计、最小二乘估计、似然估计和贝叶斯估计等。

1) 点估计

点估计是根据样本估计总体分布中所含的未知参数或未知参数的函数。点估计的目的是根据样本 $X = (X_1, X_2, \cdots, X_i)$ 估计总体分布所含的未知参数 θ 或 θ 的函数 $g(\theta)$。一般 θ 或 $g(\theta)$ 是总体的某个特征值,如数学期望、方差、相关系数等。因此,点估计问题就是要构造一个只依赖于样本的量,作为未知参数或未知参数的函数的估计值。

2) 区间估计

区间估计是参数估计的一种形式。它是在点估计的基础上,通过从总体中抽取的样本,根据一定的正确度和精确度的要求,构造出适当的区间,作为总体的分布参数(或参数的函数)的真值所在范围的估计。与点估计不同,进行区间估计时,根据样本统计量的抽样分布可以对样本统计量与总体参数的接近程度给出一个概率度量。例如,估计一种药品所含杂质的比率为 $1\% \sim 3\%$;估计一种合金的断裂强度为 $1000 \sim 1400\mathrm{kg}$ 等。

置信区间是一种常用的区间估计方法。所谓置信区间,就是分别以统计量的置信上限和置信下限为上下界构成的区间,它是指由样本统计量所构造的总体参数的估计区间。在统计学中,一个概率样本的置信区间是对这个样本的某个总体参数的区间估计。因此,置信区间展现的是这个参数的真实值有一定概率落在测量结果的周围的程度,其给出的是被测参数的测量值的可信程度。例如,对于一组给定的数据,定义 Ω 为观测对象,W 为所有可能的观测结果,X 为实际的观测值,那么 X 实际上是一个定义在 Ω 上,值域在 W 上的随机变量。这时,置信区间的定义是一对函数 $u(\cdot)$ 和 $v(\cdot)$。

2. 假设检验

假设检验也称为显著性检验,是用来判断样本与样本、样本与总体的差异是由抽样误差引起的还是本质差别造成的统计推断方法。它是推论统计中用于检验统计假设的一种常见方法。假设检验的基本思想是小概率反证法思想,小概率思想认为小概率事件在一次试验中基本上不可能发生,在这个方法下,首先对总体作出一个假设,这个假设大概率会成立,如果在一次试验中,试验结果和原假设相背离,也就是小概率事件竟然发生了,那我们就有理由怀疑原假设的真实性,从而拒绝这一假设。

假设检验的基本步骤如下。

(1)建立零假设 H0 和备选假设 H1,预先选定检验水准(置信度),一般取置信度 $\alpha =$ 0.05。

(2)选定统计方法,由样本观察值按相应的公式计算出统计量的大小。根据资料的类型和特点,可选用 Z 检验、t 检验、卡方检验、F 检验等。

(3)根据统计量的大小及其分布确定检验假设成立的可能性 p 的大小并判断结果。若 $p > \alpha$,结论为按 α 所取水准不显著,不拒绝 H0,即认为差别很可能是由抽样误差造成的,在统计上不成立;如果 $p \leqslant \alpha$,结论为按所取 α 水准显著,拒绝 H0,接受 H1,则认为此差别不大可能仅由抽样误差所致,很可能是实验因素不同造成的,故在统计上成立。

1.3.3 随机变量

随机变量是指随机事件的数量表现,可以用数学分析的方法研究随机事件。例如,某一时间内公共汽车站等车乘客人数、电话交换台在一定时间内收到的呼叫次数、电子元件的寿命、一台机器在一定时间内出现故障的次数、在实际工作中遇到的测量误差等,都是随机变量的实例。按照随机变量可能的取值,随机变量分布可以分为离散与连续两种基本类型。常见的离散分布有 0-1 分布、二项分布、泊松分布、几何分布等;常见的连续分布有均匀分布、指数分布、正态分布等。

1. 二项分布

二项分布是由伯努利提出的概念,指的是重复 n 次独立的伯努利试验。具体而言,二项分布是 n 个独立的是/非试验中成功的次数的离散概率分布,其中每次试验的成功概率为 p。在每次试验中只有两种可能的结果,两种结果发生与否相互对立,且与其他各次试验结果无关,事件发生与否的概率在每次独立试验中都保持不变,则这一系列试验总称为 n 重伯努利实验,并且当试验次数为 1 时,二项分布服从 0-1 分布。

2. 均匀分布

均匀分布也称为矩形分布,它是对称概率分布,在相同长度间隔的分布概率是等可能的。均匀分布由两个参数 a 和 b 定义,它们是数轴上的最小值和最大值,通常表示为 U(a, b)。值得注意的是,若 $a=0$, $b=1$,则 U(0,1) 称为标准均匀分布。

3. 正态分布

正态分布也称为常态分布或高斯分布,是连续随机变量概率分布的一种。它是一个在数学、物理及工程等领域都非常重要的概率分布,在统计学的许多方面有着重大的影响力。正态分布的曲线呈钟形,两头低,中间高,左右对称,因其曲线呈钟形,因此人们又经常称之为钟形曲线。

1.4 数据清洗环境与常用工具

1.4.1 数据清洗环境介绍

目前的数据清洗主要是将数据划分为结构化数据和非结构化数据,分别采用传统的ETL工具和分布式并行处理来实现。

具体来讲,结构化数据可以存储在传统的关系型数据库中。关系型数据库在处理事务、及时响应、保证数据的一致性方面有天然的优势。

非结构化数据可以存储在新型的分布式存储中,如 Hadoop 分布式文件系统(Hadoop Distributed File System,HDFS)。分布式存储在系统的横向扩展性、降低存储成本、提高文件读取速度方面有着独特的优势。例如,要将传统结构化数据(如关系型数据库中的数据)导入分布式存储,可以利用 Sqoop 等工具,先将关系型数据库(MySQL、PostgreSQL 等)的表结构导入分布式数据库(Hive),然后再向分布式数据库的表中导入结构化数据。

图 1-7 所示为在 MySQL 中的数据清洗;图 1-8 所示为在 Hadoop 环境中的数据清洗。

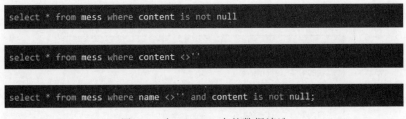

图 1-7 在 MySQL 中的数据清洗

```
[root@itcast03 bin]# ./sqoop import --connect jdbc:mysql://169.254.254.1:3306/sqoop --
username root --password root --table Student --target-dir /sqoop/td3 -m 2 --fields-
terminated-by '\t' --columns 'ID,Name,Age'--where 'ID>=3 and ID<=8'
```

图 1-8 在 Hadoop 环境中的数据清洗

1.4.2 数据清洗常用工具

1. Excel

Excel 是人们熟悉的电子表格软件,自 1993 年被微软公司作为 Office 组件发布出来后,已被广泛使用了 20 多年。虽然在之后的岁月里,各大软件公司也开发出了各类数据处理软件,但至今还有很多数据只能以 Excel 表格的形式获取到。Excel 的主要功能是处理各种数据,它就像一本智能的簿子,不仅可以对记录在案的数据进行排序、筛选,还可以整列、整行地进行自动计算;通过转换,它的图表功能可以使数据更加简洁明了地呈现出来。

但 Excel 的局限在于它一次能处理的数据量有限,若要针对不同的数据集实现数据清洗非常麻烦,这就需要用到 VBA 和 Excel 内置编程语言。因此,Excel 一般用于小批量的数据清洗。

Excel 数据清洗和转换的基本步骤如下。

(1) 从外部数据源导入数据。

(2) 在单独的工作簿中创建原始数据的副本。

(3) 确保以行和列的表格形式显示数据,并且每列中的数据都相似;所有的列和行都可见;范围内没有空白行。

(4) 首先执行不需要对列进行操作的任务,如拼写检查或使用"查找和替换"功能。

(5) 然后执行需要对列进行操作的任务。对列进行操作的一般步骤如下。

① 在需要清理的原始列(A)旁边插入新列(B)。

② 在新列(B)的顶部添加将要转换数据的公式。

③ 在新列(B)中向下填充公式。在 Excel 中,将使用向下填充的值自动创建计算列。

④ 选择并复制新列(B),然后将其作为值粘贴到新列(B)中。

⑤ 删除原始列(A)。

图 1-9 所示为在 Excel 中使用函数进行数据的字符截取;图 1-10 所示为在 Excel 中使用函数进行数据转换。

	A	B	C	D
1	字符串	公式	返回值	
2	我的名字	=LEFT(A2)	我	
3	我的名字	=LEFT(A2,)		
4	我的名字	=LEFT(A3, 2)	我的	
5	我的名字	=LEFT(A4, 5)	我的名字	
6				

图 1-9 在 Excel 中使用函数进行数据的字符截取

B2		:	× ✓ fx	=TEXT(A2,"(0000)0000-0000")		
	A	B	C	D	E	F
1	转换前	转换后				
2	99887766554	(0998)8776-6554				
3	88776655443	(0887)7665-5443				
4	77665544332	(0776)6554-4332				
5	66554433221	(0665)5443-3221				
6	55443322110	(0554)4332-2110				
7						

图 1-10 在 Excel 中使用函数进行数据转换

2. Kettle

Kettle 的中文名称叫作水壶,是一款国外开源的 ETL 工具,由纯 Java 编写,可以在 Windows、Linux、UNIX 上运行,数据抽取高效稳定。Kettle 中有两种脚本文件——

transformation 和 job，transformation 完成针对数据的基础转换，job 则完成整个工作流的控制。

使用 Kettle 可以完成数据仓库中的数据清洗与数据转换工作，常见的操作有：数据类型的转换、数据值的修改与映射、数据排序、空值的填充、重复数据的清洗、超出范围的数据清洗、日志的写入、数据值的过滤以及随机值的运算等。

图 1-11 所示为使用 Kettle 完成数据排序；图 1-12 所示为使用 Kettle 去除重复记录；图 1-13 所示为使用 Kettle 完成数据检验。

图 1-11　Kettle 数据排序　　　　图 1-12　Kettle 去除重复记录

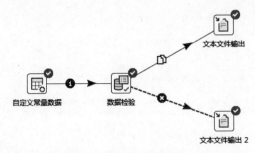

图 1-13　Kettle 数据检验

Kettle 生成的文件的扩展名为 ktr，可用 Windows 中的记事本打开，并查看其中保存的数据内容。

3. DataCleaner

DataCleaner 是一个简单、易于使用的针对数据质量的应用工具，旨在分析、比较、验证和监控数据。DataCleaner 包括一个独立的图形用户界面，用于分析、比较和验证数据，并监测 Web 应用。它能够将凌乱的半结构化数据集转换为所有可视化软件，并可以读取的干净可读的数据集。此外，DataCleaner 还提供数据仓库和数据管理服务。

DataCleaner 的特点有：可以访问多种不同类型的数据存储，如 Oracle、MySQL、MS CSV 文件等；还可以作为引擎清理、转换和统一来自多个数据存储的数据，并将其统一到主数据的单一视图中。

值得注意的是，DataCleaner 提供了一种与 Kettle 类似的运行模式。它依靠用户在图形界面通过数据源选择、组件拖动、参数配置、结果输出等一系列操作过程，最终将程序运行的结果保存为一个任务文件（＊.xml）。

图 1-14 所示为 DataCleaner 的启动界面；图 1-15 所示为 DataCleaner 的运行界面；图 1-16 所示为 DataCleaner 的数据清洗界面。

图 1-14　DataCleaner 的启动界面

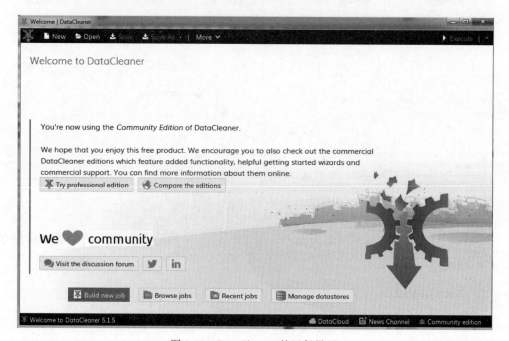

图 1-15　DataCleaner 的运行界面

4. OpenRefine

OpenRefine 又叫作 GoogleRefine,是一个新的具有数据画像、清洗、转换等功能的工具,它可以观察和操纵数据。OpenRefine 类似于传统 Excel 表格处理软件,但是工作方式更像是数据库,以列和字段的方式工作,而不是以单元格的方式工作。因此,OpenRefine 不仅适合对新的行数据进行编码,而且功能还极为强大。

OpenRefine 的特点有:在数据导入的时候,可以根据数据类型将数据转换为对应的数值和日期等;相似单元格聚类,可以根据单元格字符串的相似性来聚类,并且支持关键词碰撞和近邻匹配算法等。

图 1-17 所示为 OpenRefine 读取数据表的界面。

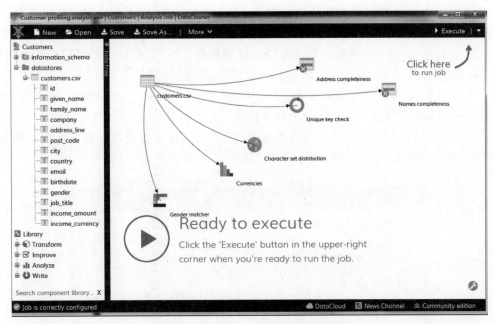

图 1-16 DataCleaner 的数据清洗界面

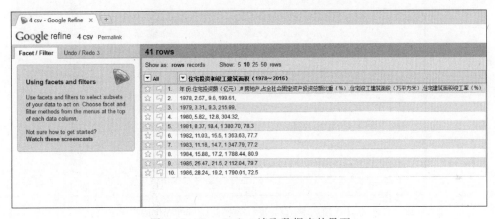

图 1-17 OpenRefine 读取数据表的界面

5. Python

Python 是一种高级动态类型的编程语言。Python 代码通常称为可运行的伪代码，可以用非常少的代码实现非常强大的功能，同时具有高的可读性。

在使用 Python 进行数据清洗和分析时，主要是依靠 Python 中的扩展库——NumPy 和 Pandas 完成清洗任务。其中，NumPy 是 Python 中科学计算的第三方库，它提供多维数组对象、多种派生对象（如掩码数组、矩阵）以及用于快速操作数组的函数及应用程序接口（Application Programming Interface，API），包括数学、逻辑、数组形状变换、排序、选择、输入/输出（I/O）、离散傅里叶变换、基本线性代数、基本统计运算、随机模拟等。NumPy 最重要的一个特点是 N 维数组对象 ndarray，数组是一系列相同类型数据的集合,元素可用从零开始的索引来访问。而 Pandas 是在 NumPy 基础上建立的新程序库,可以看作增强版的 NumPy 结构化数组,它提供了两种高效的数据结构:Series 和 DataFrame。DataFrame 本质上是一种带行标签和列标签、支持相同类型数据和缺失值的多维数组。Pandas 不仅为带各种标签的数据提供了便利的存储界面,还实现了许多强大的数据操作,尤其是它的 Series 和 DataFrame 对象,为数据处理过程中处理那些消耗大量时间的数据清理(Data Munging)任务提供了便利。

值得注意的是,在 Python 中进行数据清洗的同时,常常要使用可视化库展示数据。图 1-18 所示为使用 Python 进行数据分析与可视化的界面。

图 1-18　使用 Python 进行数据分析与可视化的界面

1.5　本章小结

由于在众多数据中总是存在着许多"脏数据",即不完整、不规范、不准确的数据,因此,数据清洗就是指把"脏数据"彻底洗掉,包括检查数据一致性、处理无效值和缺失值等,从而提高数据质量。

在数据清洗中,原始数据源是数据清洗的基础,数据分析是数据清洗的前提,而定义数据清洗转换规则是关键。

数据质量正是企业应用数据的瓶颈,高质量的数据可以决定数据应用的上限,而低质量的数据则必然拉低数据应用的下限。因此,数据清洗的目的就是真正提高数据质量。

统计学主要包括描述性统计、推论统计和随机变量及其分布。

目前的数据清洗主要是将数据划分为结构化数据和非结构化数据,分别采用传统的数据提取、转换、加载(ETL)工具和分布式并行处理来实现。

1.6 实训

1. 实训目的

通过本章实训,了解数据清洗的特点,能进行简单的与数据清洗有关的操作。

2. 实训内容

(1) 下载并安装数据清洗的常用工具,如 Kettle 或 Python。

① 首先从官网下载 jdk。

② 配置 Path 变量。下载完成之后进行安装,安装完毕后要进行环境配置。在计算机属性的"高级系统设置"→"环境变量"中找到 Path 变量,并把 Java 的 bin 路径添加进去,用分号隔开,注意要找到自己安装的对应路径,如 D:\Program Files\Java\jdk1.8.0_181\bin。

③ 配置 Classpath 变量。在环境变量中新建一个 Classpath 变量,内容为 Java 文件夹中 lib 文件夹下 dt.jar 和 tools.jar 的路径,如 D:\Program Files\Java\jdk1.8.0_181\lib\dt.jar 和 D:\Program Files\Java\jdk1.8.0_181\lib\tools.jar。

④ 配置完成后运行 cmd 命令,输入 java,如配置成功,会出现如图 1-19 所示的界面。

视频讲解

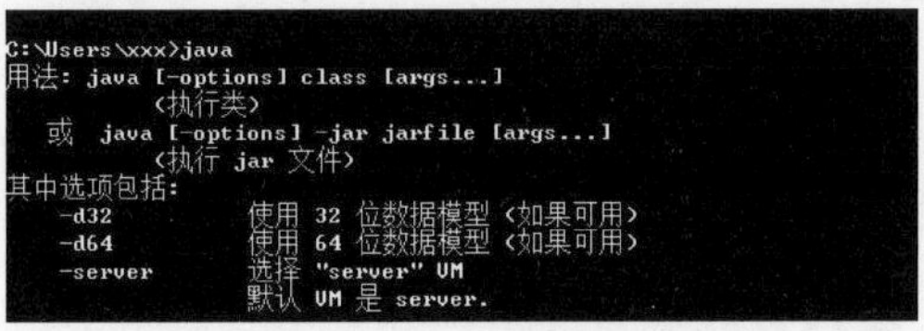

图 1-19 配置 jdk

⑤ 从官网 http://kettle.pentaho.org 下载 Kettle 软件。由于 Kettle 是绿色软件,因此下载后可以解压到任意目录。本书下载最新的 8.2 版本,本书中的 Kettle 程序也可使用 7.1 版本运行。

⑥ 运行 Kettle。安装完成之后,双击安装目录下的 spoon.bat 批处理程序即可启动 Kettle,如图 1-20 所示。

⑦ Kettle 8.2 运行界面如图 1-21 所示。

(2) 下载并安装 Python。

登录 Python 官网,如图 1-22 所示,并进入下载页面,网址是 https://www.python.org/downloads/。

视频讲解

选择对应的版本,下载并安装,可使用较新的 Python 3.7 或 Python 3.8 版本。

runSamples.sh	2018/11/14 17:21	SH 文件	2 KB
set-pentaho-env	2018/11/14 17:21	Windows 批处理...	5 KB
set-pentaho-env.sh	2018/11/14 17:21	SH 文件	5 KB
Spark-app-builder	2018/11/14 17:21	Windows 批处理...	2 KB
spark-app-builder.sh	2018/11/14 17:21	SH 文件	2 KB
Spoon	2018/11/14 17:21	Windows 批处理...	5 KB
spoon.command	2018/11/14 17:21	COMMAND 文件	2 KB
spoon	2018/11/14 17:21	图片文件(.ico)	362 KB
spoon	2018/11/14 17:21	图片文件(.png)	1 KB
spoon.sh	2018/11/14 17:21	SH 文件	8 KB
SpoonConsole	2018/11/14 17:21	Windows 批处理...	2 KB
SpoonDebug	2018/11/14 17:21	Windows 批处理...	3 KB
SpoonDebug.sh	2018/11/14 17:21	SH 文件	2 KB
yarn.sh	2018/11/14 17:21	SH 文件	2 KB

图 1-20　启动 Kettle

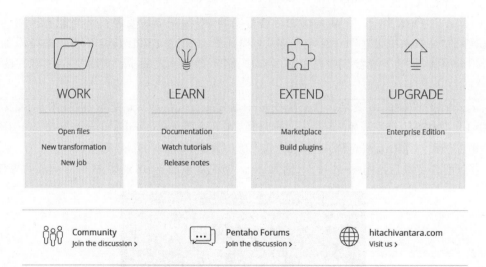

图 1-21　Kettle 8.2 运行界面

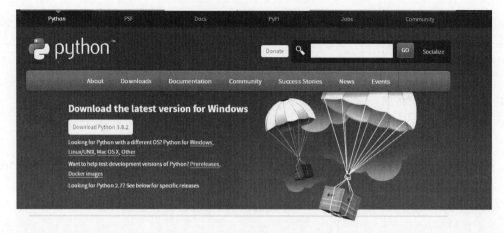

图 1-22　Python 官网

安装至本地计算机中,运行界面如图 1-23 所示。

图 1-23 Python 3.7 运行界面

在 Windows 命令行中运行以下命令,下载并导入数据清洗需要的扩展库 NumPy 和 Pandas,如图 1-24 所示。

```
pip install numpy
pip install pandas
```

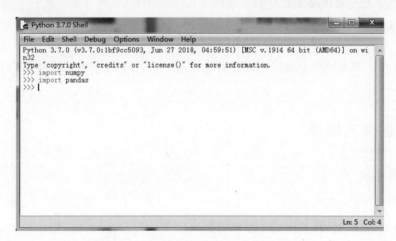

图 1-24 下载并导入 NumPy 和 Pandas 库

习题 1

(1) 什么是数据清洗?

(2) 请阐述数据清洗的常用方法。

(3) 请阐述数据质量的含义。

(4) 数据清洗的常用工具有哪些?

第 2 章

文 件 格 式

本章学习目标
- 了解文件格式的概念
- 了解常见的文件格式及特征
- 掌握使用 Kettle 实现数据格式的各种转换

本章首先介绍大数据中数据格式的概念,再介绍常见的文件格式及特征,最后介绍数据转换工具的使用。

视频讲解

2.1 文件格式概述

1. 文件格式

1)文件格式的定义

文件格式是指在计算机中为了存储信息而使用的对信息的特殊编码方式,用于识别内部存储的资料,如文本文件、视频文件、图像文件等。这些文件的功能不同,有的文件用于存储文字信息,有的文件用于存储视频信息,有的文件用于存储图像信息,等等。此外,在不同的操作系统中文件格式也有所区别。

2)文件的打开与编辑

在 Windows 系统中,需要使用不同的程序打开不同的文件,如使用记事本读取与编辑文本文件,如图 2-1 所示。

每种文件都要使用特定的软件打开。例如,在 Windows 系统中使用记事本打开图片文件,就会出现乱码的现象,如图 2-2

新建文本文档

图 2-1 Windows 系统
中的记事本

所示。

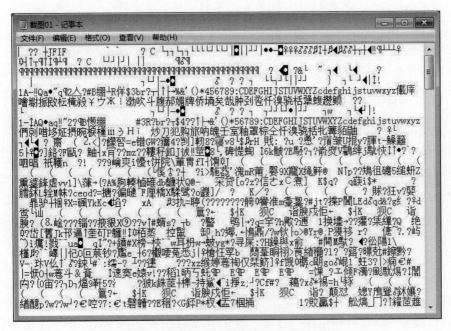

图 2-2　使用记事本打开图片文件显示乱码

可以看出，不同的文件类型需要使用不同的编辑方式。例如，使用 Excel 电子表格打开 Microsoft Excel 文件；使用 Photoshop 打开数码相机拍摄的照片；使用 Microsoft Office PowerPoint 打开 PPT 演示文稿等。

值得注意的是，在某些情况下人们可以使用不同的软件运行相同的文件。

2. 常见的文本文件格式

目前常见的文本格式较多，主要分为在 Windows 下的文本格式和在 Linux 下的文本格式。

1）TXT 格式

TXT 是微软在操作系统上附带的一种文本格式，是最常见的一种文件格式。该格式常用记事本等程序保存，并且大多数软件都可以方便地查看，如记事本、浏览器等。

2）DOC 格式

DOC 也叫作 Word 格式，通常用于微软的 Windows 系统中，该格式最早出现在 20 世纪 90 年代的文字处理软件 Word 中。与 TXT 格式不同，DOC 格式可以编辑图片等文本文档不能处理的内容。

3）XLS 格式

XLS 格式主要是指 Microsoft Excel 工作表，它是一种常用的电子表格格式，可以进行各种数据的处理、统计分析和决策操作，以及可视化界面的实现。XLS 格式文件可以使用 Microsoft Excel 打开，此外，微软为那些没有安装 Excel 的用户开发了专门的查看器 Excel Viewer。值得注意的是，使用 Microsoft Excel 可以将 XLS 格式的表格转换为多种格式,如 XML 表格、XML 数据、网页、使用制表符分割的文本文件(＊.txt)、使用逗号分隔的文本文件(＊.csv)等。

4) PDF 格式

PDF 格式也叫作便携式文件格式,是由 Adobe Systems 在 1993 年针对文件交换所发展出的文件格式。PDF 格式的优点主要是:跨平台,能保留文件原有格式(Layout),开放标准,免版税(Royalty-free),可自由开发 PDF 相容软件,是一个开放标准。PDF 格式在 2007 年 12 月成为 ISO 32000 国际标准。

5) XML 格式

可扩展标记语言(Extensible Markup Language,XML)是一种数据存储语言,它使用一系列简单的标记描述数据,而这些标记可以用方便的方式建立,因此 XML 可以在任何应用程序中读写数据。XML 与其他数据表现形式最大的不同是这种语言极其简单,应用广泛,因而它常常用于在网络环境下的跨平台数据传输。图 2-3 所示为 XML 格式的文件。

6) JSON 格式

JSON(JavaScript Object Notation) 是一种轻量级的数据交换格式,它采用完全独立于语言的文本格式,这些特性使 JSON 成为理想的数据交换语言。JSON 易于阅读和编写,同时也易于机器解析和生成。总体上,JSON 实际上是 JavaScript 的一个子集,所以 JSON 的数据格式和 JavaScript 是对应的。与 XML 格式相比,JSON 书写更简洁,在网络中传输速度也更快。图 2-4 所示为 JSON 格式的文件。

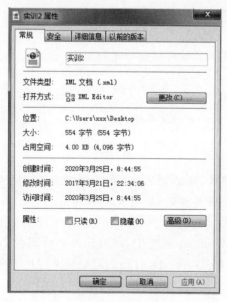

图 2-3　XML 格式的文件

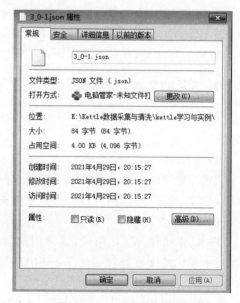

图 2-4　JSON 格式的文件

7) HTML 格式

超文本标记语言(Hyper Text Markup Language,HTML)是一种制作万维网(World Wide Web,WWW)页面的标准语言,是万维网浏览器使用的一种语言。它是目前网络上应用最为广泛的语言,也是构成网页文档的主要语言。HTML 文件是由 HTML 命令组成的描述性文本,HTML 语句可以在网页中声明文字、图形、动画、表格、超链接、表单、音频和视频等。一般而言,HTML 文件的结构包括头部(Head)和主体(Body)两大部分,其中头部描述浏览器所需的信息,主体则包含所要说明的具体内容。

8) TAR 格式

TAR 是一种压缩文件,常用于 Linux 和 MacOS(环境),与 Windows 的 WinRAR 格式比较类似。在 Linux 中,TAR 格式文件一般以 tar.gz 来声明,它是源代码的安装包,需要先解压,经过编译、安装才能执行。

9) DMG 格式

DMG 是 MacOS 中的一种文件格式,全称为 Disk Image,即磁盘影像。相当于 Windows 中的 ISO 文件。打开一个 DMG 文件,系统会生成一个磁盘,其中包含此 DMG 文件的内容。因此,DMG 文件在 Mac 中相当于一个软 U 盘。

10) PY 格式

PY 文件是 Python 脚本文件,前面的章节中介绍过,Python 是一种面向对象的解释型计算机程序设计语言,常用于各种服务器的维护和自动化运行,并且有丰富和强大的库。图 2-5 所示为 PY 格式的文件。

图 2-5　PY 格式的文件

3. 常见的图像文件格式

图像文件格式是记录和存储影像信息的格式,对数字图像进行存储、处理必须采用一定的图像格式,图像文件格式决定了应该在文件中存放何种类型的信息。

1) BMP 格式

位图格式(Bitmap,BMP)是 DOS 和 Windows 兼容计算机系统的标准 Windows 图像格式。BMP 格式支持 RGB、索引颜色、灰度和位图颜色模式,但不支持 Alpha 通道。BMP 格式支持 1,4,24,32 位的 RGB 位图。

2) JPEG 格式

联合图片专家组(Joint Photographic Experts Group,JPEG)是目前所有格式中压缩率最高的格式。大多数彩色和灰度图像都使用 JPEG 格式压缩图像,压缩比很大而且支持多种压缩级别。对图像的精度要求不高而存储空间又有限时,JPEG 是一种理想的压缩方式。

3) GIF 格式

图形交换格式(Graphics Interchange Format,GIF)是一种 LZW 压缩格式,用来最小化文件大小和电子传递时间。在 Windows 中 GIF 文件格式普遍用于现实索引颜色和图像,支持多图像文件和动画文件。

4) PNG 格式

便携式网络图形(Portable Network Graphics,PNG)格式以任意颜色深度存储单个光栅图像,它是与平台无关的格式。与 JPEG 的有损压缩相比,PNG 提供的压缩量较少。

4. 常见的音频与视频文件格式

音频与视频文件格式主要用于存储计算机中的音频与视频文件。

1) MP3 格式

MP3 是一种音频压缩技术,用来大幅度地降低音频数据量。利用 MPEG Audio Layer 3 的技术,将音乐以 1∶10 甚至 1∶12 的压缩率,压缩成容量较小的文件。在 Windows 系统中用 MP3 形式存储的音乐就叫作 MP3 音乐,能播放 MP3 音乐的机器就叫作 MP3 播放器。

2) WAV 格式

WAV 格式是微软开发的一种声音文件格式,用于保存 Windows 平台的音频信息资源,被 Windows 平台及其应用程序广泛支持,该格式也支持 MS-ADPCM、CCITT A_Law 等多种压缩运算法。

3) MP4 格式

MP4 是一套用于音频、视频信息的压缩编码标准,由国际标准化组织(International Organization for Standardization,ISO)和国际电工委员会(International Electrotechnical Commission,IEC)下属的动态图像专家组(Moving Picture Experts Group,MPEG)制定。MP4 格式主要用于网上流、光盘、语音发送以及电视广播等。

4) WMV 格式

WMV(Windows Media Video)是微软开发的一系列视频编解码及其相关的视频编码格式的统称,是微软 Windows 媒体框架的一部分。在同等视频质量下,WMV 格式文件可以边下载边播放,因此很适合网上播放和传输。

5) MOV 格式

MOV 格式即 QuickTime 影片格式,它是苹果公司开发的一种音/视频文件格式,用于存储常用数字媒体类型。MOV 文件格式支持 25 位彩色,支持领先的集成压缩技术,是一种优良的视频编码格式。

6) AVI 格式

AVI 格式也叫作音频视频交错格式,它对视频文件采用了一种有损压缩方式,压缩比较高,因此尽管画面质量不是太好,但其应用范围仍然非常广泛。AVI 支持 256 色和游程编码(Run-Length Encoding,RLE)压缩。目前 AVI 格式主要应用于多媒体光盘,用来保存电视、电影等各种影像信息。

7) Ogg 格式

Ogg 是一种音频压缩格式,类似于 MP3 等音乐格式。从商业推广上看,Ogg 是完全免费、开放且没有专利限制的。在播放质量中,这种文件格式可以不断地进行大小和音质的改良,而不影响原有的编码器或播放器。

2.2 Kettle 中文件格式的转换

Kettle 使用图形化的界面定义复杂的 ETL 程序和工作流,因此它也被认为是一种可视化编程语言。使用 Kettle,开发者可快速地构建各种 ETL 流程。

使用 Kettle 可以对不同格式的文件进行相互转换。在 Kettle"核心对象"标签页的"输入"列表和"输出"列表中即可看到多种不同文件格式。图 2-6 显示了输入文件的多种格式;图 2-7 显示了输出文件的多种格式。

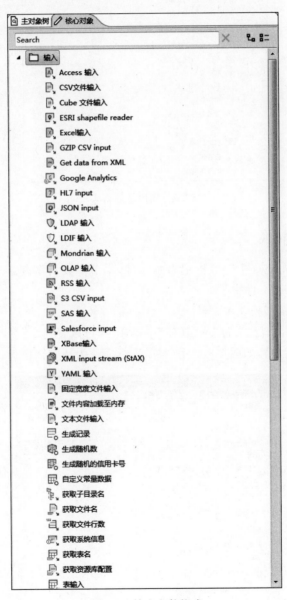

图 2-6 输入文件格式

图 2-7　输出文件格式

2.2.1　文本文件转换

文本文件在 Windows 中一般指记事本文件,本节主要讲解使用 Kettle 将文本文件中的数据转换到 Excel 文件中。

【例 2-1】　Kettle 转换文本文件。

(1) 启动 Kettle,执行"文件"→"新建"菜单命令,可以看到 3 个可选项:转换、作业和数据库连接,选择"转换",如图 2-8 所示(本章后续简称为新建转换)。

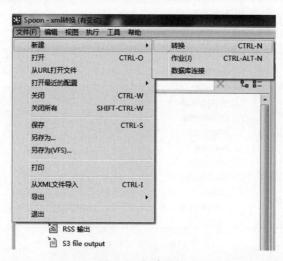

图 2-8　新建转换

（2）选择"输入"列表→"文本文件输入"步骤，并拖动至右侧工作区，如图2-9所示。

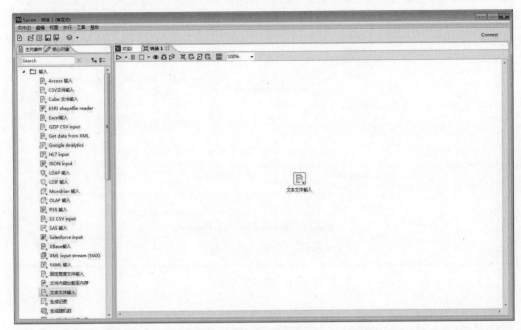

图2-9 文本文件输入

（3）在计算机本地新建一个文本文件，并输入以下内容。

```
id;name;card;sex;age
1;张三;0001;M;23;
2;李四;0002;M;24;
3
4;王五;0003;M;22;
5
6;赵六;0004;M;21;
```

将该文本文件保存为 test. txt。

（4）双击"文本文件输入"图标，进入设置界面，将 test. txt 添加进去，如图2-10所示。

（5）设置文件的内容，设置文件类型为 CSV，分隔符为";"，格式为 mixed，编码方式为 GB2312，如图2-11所示。

（6）获取字段内容，如图2-12所示。

（7）预览字段，如图2-13所示。

（8）选择"输出"列表→"Excel 输出"步骤，拖动至右侧工作区，并同时选中这两个图标，右击，在弹出的快捷菜单中选择"新建节点连接"，如图2-14所示。

（9）保存该文件，单击"运行这个转换"按钮，执行数据抽取，在下方的执行结果区域可以查看操作的运行结果，如图2-15所示。

（10）右击"Excel 输出"图标，在弹出的快捷菜单中选择"显示输出字段"，即可查看操作的输出结果，如图2-16所示。

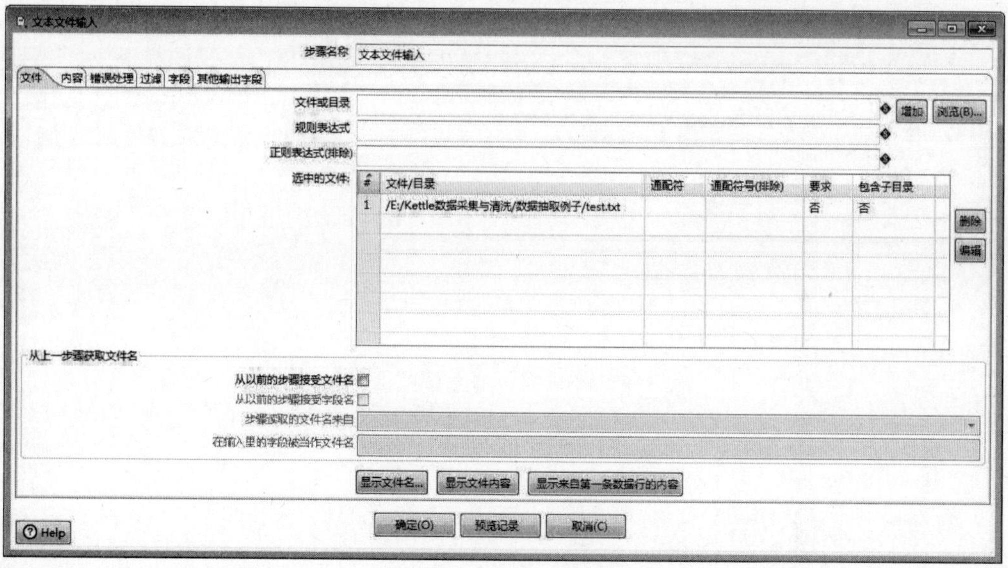

图 2-10　添加文本文件

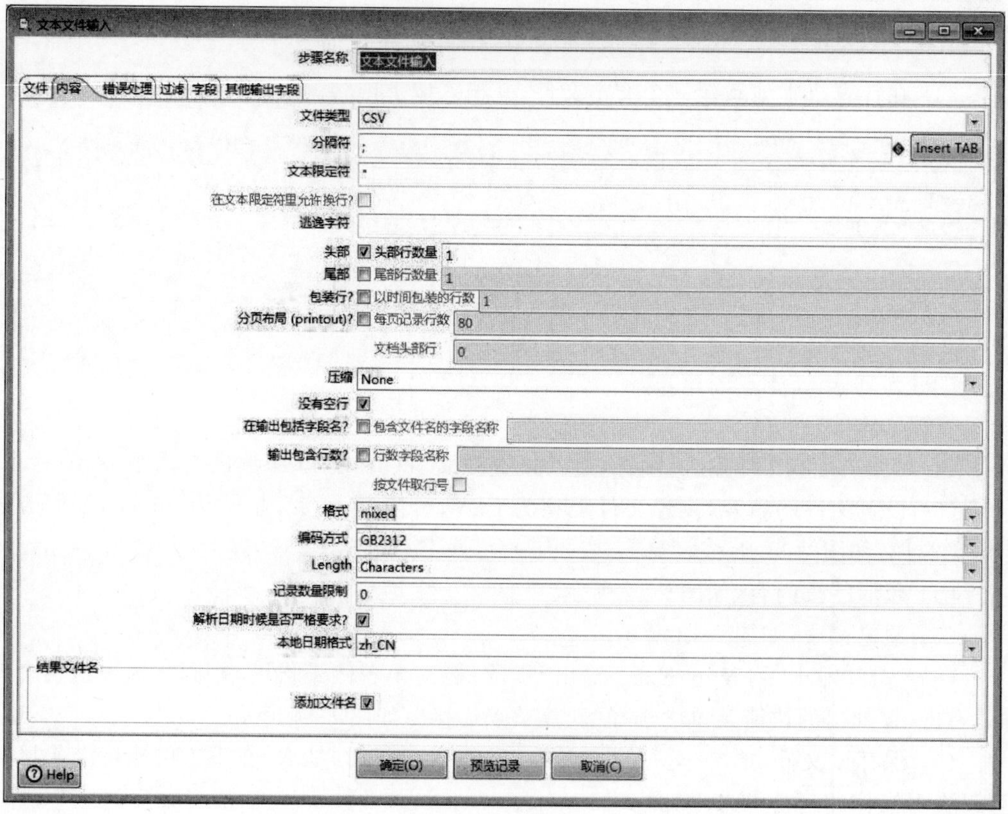

图 2-11　设置文本

图 2-12　获取字段内容

图 2-13　预览字段

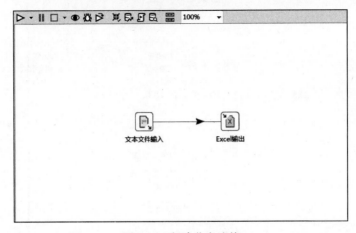

图 2-14　新建节点连接

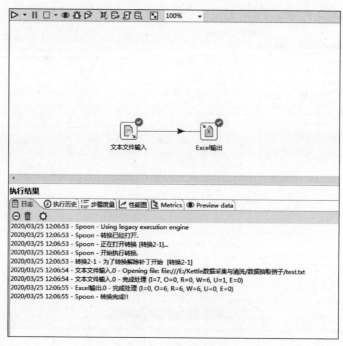

图 2-15　执行转换

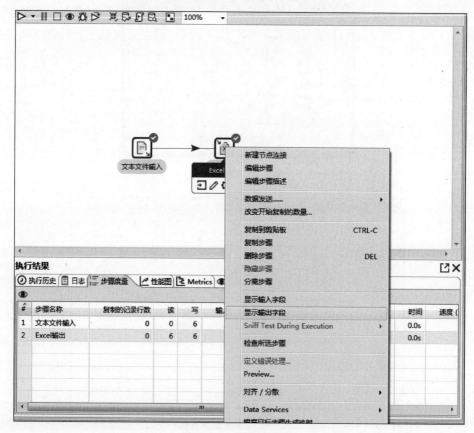

图 2-16　显示输出字段

（11）字段输出结果如图 2-17 所示。

#	字段名称	类型	长度	精度	步骤来源	存储	掩码	Currency	十进制	组	去除空字符	注释
1	id	Integer	-	0	文本文件输入	normal	#				不去掉空格	
2	name	String	-	-	文本文件输入	normal					不去掉空格	
3	card	String	-	-	文本文件输入	normal					不去掉空格	
4	sex	String	-	-	文本文件输入	normal					不去掉空格	
5	age	Integer	-	0	文本文件输入	normal	#				不去掉空格	

步骤名称: Excel输出
字段:

编辑源步骤(E)　　取消(C)

图 2-17　显示转换字段结果

（12）右击"Excel 输出"图标，在弹出的快捷菜单中选择 Preview→"Excel 输出"，单击"快速启动"按钮，即可查看最终转换输出结果，如图 2-18～图 2-20 所示。

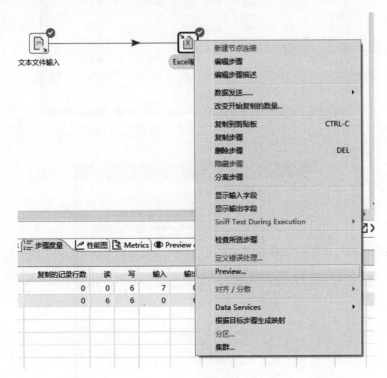

图 2-18　选择 Preview

（13）双击"Excel 输出"图标，在弹出的对话框中设置要保存的 Excel 文件名和路径，即可将结果保存，如图 2-21 所示。

通过本例的转换操作可以实现在 Kettle 中对文本文件进行相应的格式转换，这也是在数据仓库中的关键清洗步骤。

图 2-19　选择"Excel 输出"

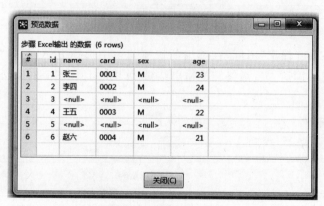

图 2-20　查看转换结果

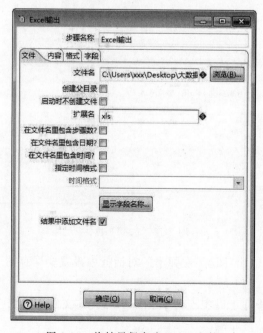

图 2-21　将结果保存为 Excel 文件

2.2.2 CSV 文件转换

CSV 文件是一种常见的文本文件,一般含有表头和行项目。大多数数据处理软件都支持 CSV 格式。本节主要讲解使用 Kettle 将 CSV 文件中的数据转换到 Excel 文件中。

【例 2-2】 Kettle 转换 CSV 文件。

(1) 准备一个 CSV 文件,如图 2-22 所示。

📄 1.ktr	2018/10/19 23:17	KTR 文件	19 KB
📄 2.ktr	2018/10/20 11:18	KTR 文件	18 KB
📄 3.ktr	2018/10/20 12:03	KTR 文件	17 KB
📄 10.16-2.ktr	2018/10/19 22:44	KTR 文件	17 KB
📊 2017年上海市未成年人暑期活动项目推荐表1	2018/8/25 10:17	Microsoft Office Excel 逗号分隔值文件	9 KB
📊 file.xls	2018/10/20 11:18	Microsoft Office Excel 97-2003 工作表	14 KB
📄 test	2018/10/20 0:12	文本文档	1 KB
📄 截图24	2018/10/20 11:19	图片文件(.png)	45 KB
📄 新建文本文档	2018/10/19 22:30	文本文档	0 KB

类型: Microsoft Office Excel 逗号分隔值文件
大小: 8.00 KB
修改日期: 2018/8/25 10:17

图 2-22 CSV 文件

(2) 启动 Kettle 后,新建转换,在"输入"列表中选择"CSV 文件输入"步骤,并拖动至右侧工作区,如图 2-23 所示。

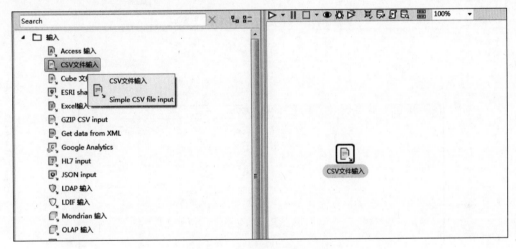

图 2-23 选择 CSV 文件输入

(3) 双击"CSV 文件输入"图标,在"文件名"输入框中添加 CSV 文件,单击"获取字段"按钮,自动获得 CSV 文件各列的表头,如图 2-24 所示。

(4) 在"输出"列表中选择"Excel 输出"步骤,拖动至右侧工作区,并同时选中这两个图标,右击,在弹出的快捷菜单中选择"新建节点连接",如图 2-25 所示。

(5) 双击"Excel 输出"图标,设置输出的文件名。

(6) 保存该文件,运行转换,执行数据抽取,在下方的执行结果区域可以查看操作的运行结果,如图 2-26 所示。

(7) 预览输出数据,如图 2-27 所示。

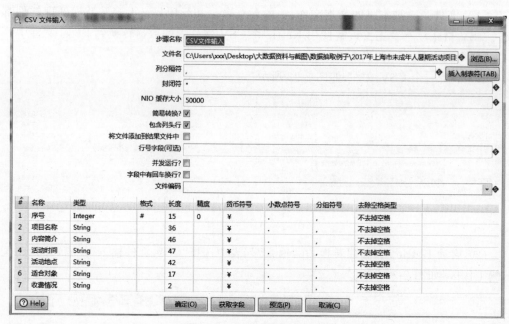

图 2-24　CSV 文件输入设置

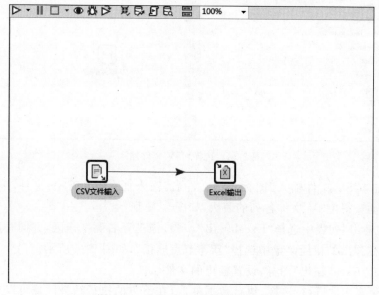

图 2-25　选择 Excel 输出并新建连接

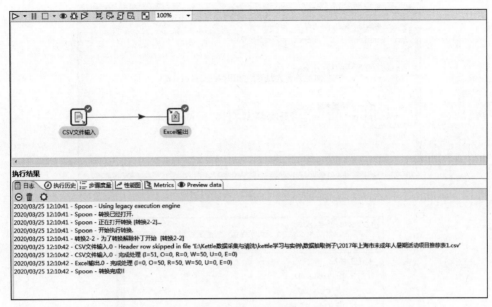

图 2-26　运行转换

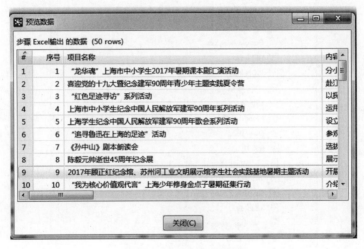

图 2-27　预览输出结果

2.2.3　XML 文件转换

视频讲解

【例 2-3】　Kettle 转换 XML 文件。

（1）准备一个 XML 文件，内容如图 2-28 所示，命名为 2-4.xml。

（2）启动 Kettle，新建转换，在"输入"列表中选择 XML input stream(StAX)步骤，并拖动至右侧工作区，如图 2-29 所示。

（3）双击 XML input stream(StAX)图标，在"文件名"输入框中添加 2-4.xml 文件，选择字符编码为 UTF-8，查看配置属性，如图 2-30 所示。最后单击"确定"按钮保存以上操作。

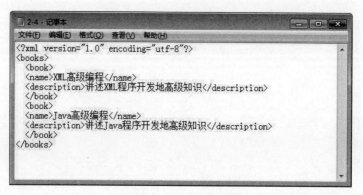

图 2-28　XML 文件内容

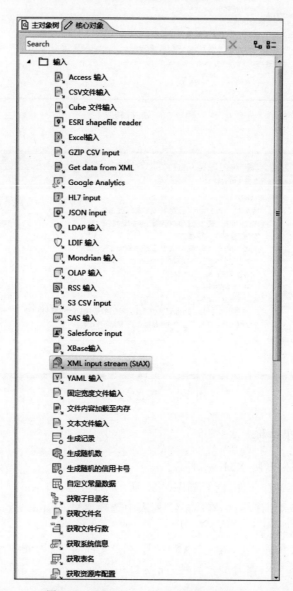

图 2-29　XML input stream(StAX)输入

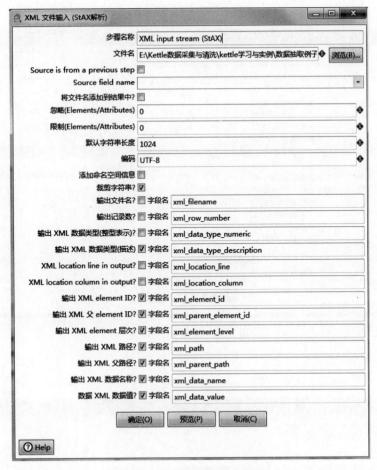

图 2-30　XML 文件输入配置

（4）在"输出"列表中选择"文本文件输出"步骤，拖动至右侧工作区，并同时选中这两个图标，右击，在弹出的快捷菜单中选择"新建节点连接"，如图 2-31 所示。

图 2-31　选择"文本文件输出"并建立连接

（5）双击"文本文件输出"图标，单击"文件名称"输入框右侧的"浏览"按钮，可查看或更改输出的文件名称和保存的路径，如图 2-32 和图 2-33 所示。

（6）双击"文本文件输出"图标，切换至"字段"选项卡，单击"获取字段"按钮，可获取 XML 文档的每个字段，如图 2-34 所示。最后单击"确定"按钮保存以上操作。

（7）保存该文件，运行转换，在下方的执行结果区域可以查看操作的运行结果，如图 2-35 所示。

（8）预览输出数据，如图 2-36 所示。

转换后生成的文本文件部分内容如图 2-37 所示。

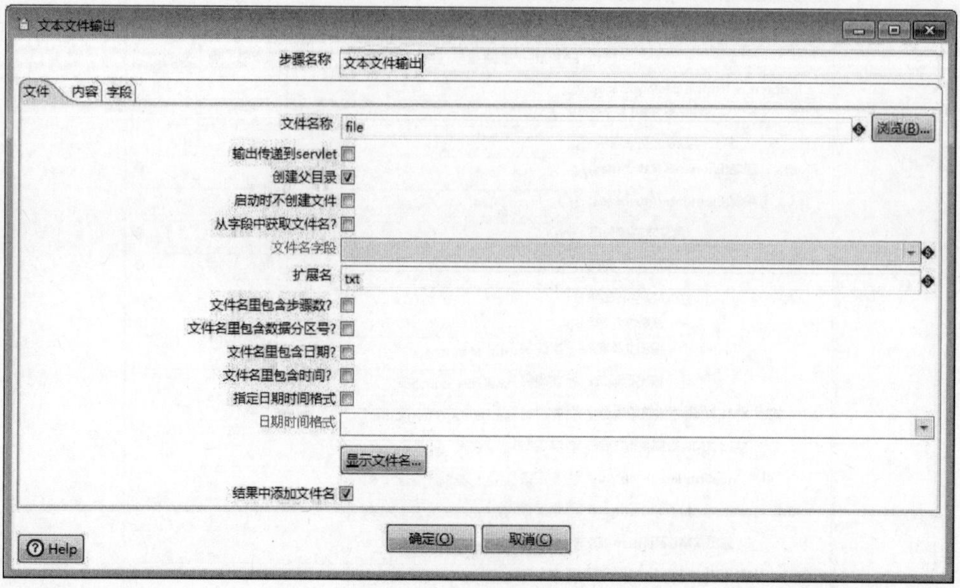

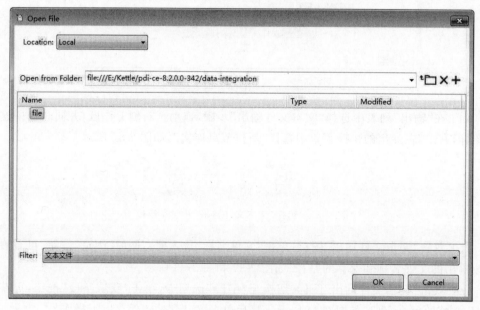

图 2-32　查看输出文件

图 2-33　查看或更改保存的文件

图 2-34 获取 XML 字段

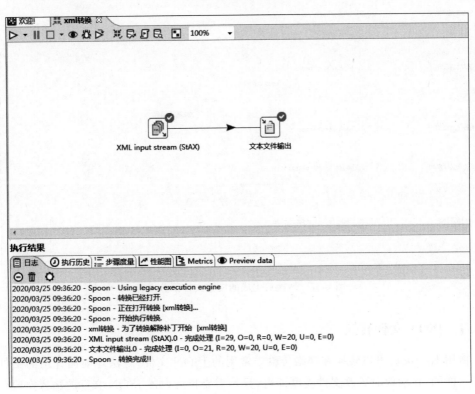

图 2-35 运行转换

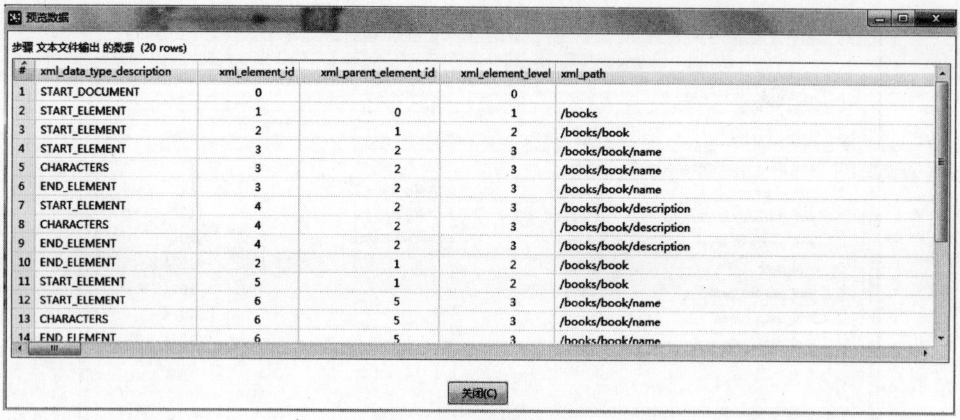

图 2-36　预览数据

图 2-37　转换后生成的文本文件部分内容

2.2.4　JSON 文件转换

使用 Kettle 还可以转换在网络传输中常用的 JSON 文件,方法与前面介绍的文件抽取是一样的,在抽取时更改文件类型即可,只是需要自行设置 JSON 文件的输入字段。

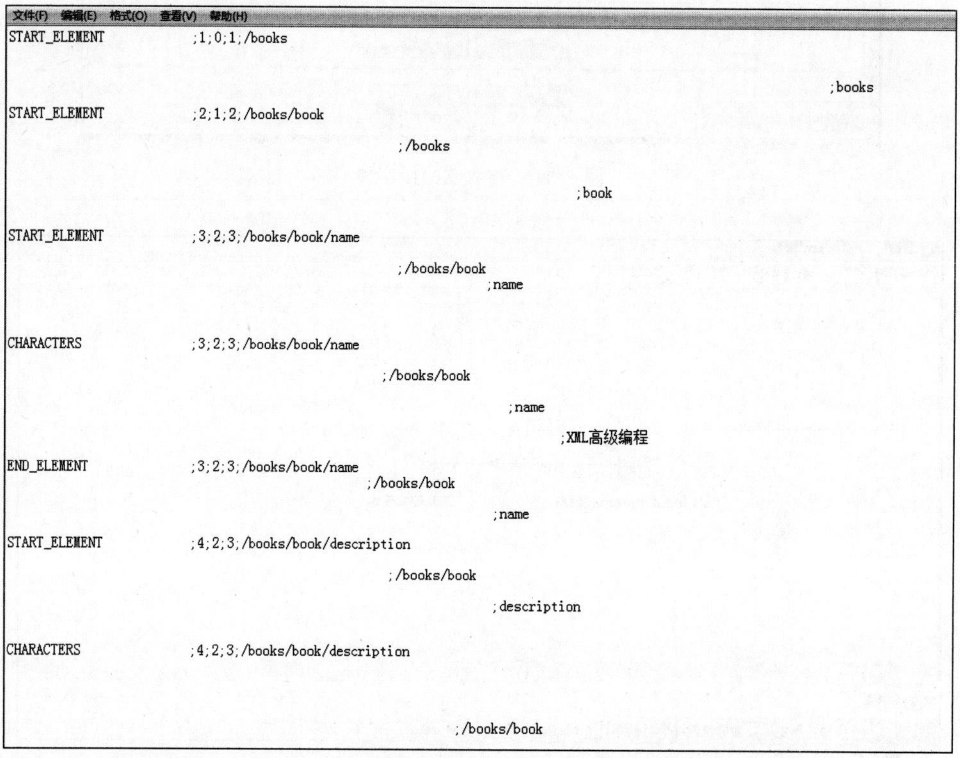

【例 2-4】　Kettle 读取 JSON 文件。

(1) 准备一个名为 test.js 的 JSON 文件,并写入以下内容。

视频讲解

[{"name":"XML 高级编程","description":"讲述 XML 程序开发的高级知识"}]

（2）启动 Kettle 后，新建转换，在"输入"列表中选择"自定义常量数据"和 JSON input 步骤，拖动至右侧工作区，并建立节点连接，如图 2-38 所示。

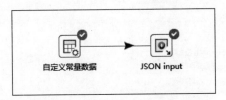

图 2-38　JSON 文件转换工作流程

（3）双击"自定义常量数据"图标，设置元数据为 json，如图 2-39 所示。

#	名称	类型	格式	长度	精度	货币类型	小数	分组	设为空串?
1	json	String							

图 2-39　设置元数据

（4）切换至"数据"选项卡，手动设置数据内容，如图 2-40 所示。

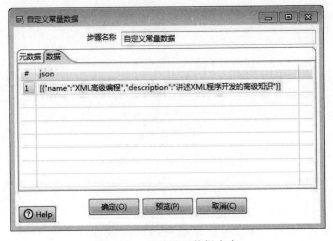

图 2-40　手动设置数据内容

（5）双击 JSON input 图标，"文件"选项卡的设置如图 2-41 所示，"字段"选项卡的设置如图 2-42 所示。

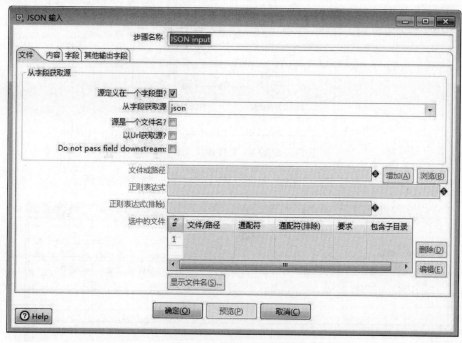

图 2-41　设置文件内容

图 2-42　设置字段内容

（6）保存该文件，运行转换，在执行结果中可以看到读取的 JSON 数据，如图 2-43 所示。

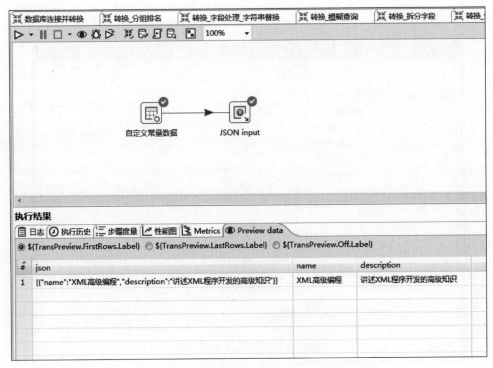

图 2-43 运行转换并读取 JSON 数据

2.2.5 Excel 文件转换

【例 2-5】 Kettle 转换 Excel 文件。

(1) 准备一个名为 trans.xsl 的 Excel 文件,并写入内容,如图 2-44 所示。

(2) 启动 Kettle 后,新建转换,在"输入"列表中选择"Excel 输入"步骤,在"输出"列表中选择"文本文件输出"步骤,拖动至右侧工作区,并建立节点连接,如图 2-45 所示。

视频讲解

图 2-44 Excel 文件内容

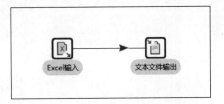

图 2-45 Excel 文件转换工作流程

(3) 双击"Excel 输入"图标,在"文件"选项卡中添加 trans.xsl 文件;在"工作表"选项卡中设置要读取工作表名称为 Sheet1;在"字段"选项卡中获取工作表字段,如图 2-46～图 2-48 所示。

(4) 双击"文本文件输出"图标,在"文件"选项卡中设置要保存的文件名称和路径;在"字段"选项卡中获取要输出的字段,如图 2-49 和图 2-50 所示。

(5) 保存该文件,执行数据转换,如图 2-51 所示。

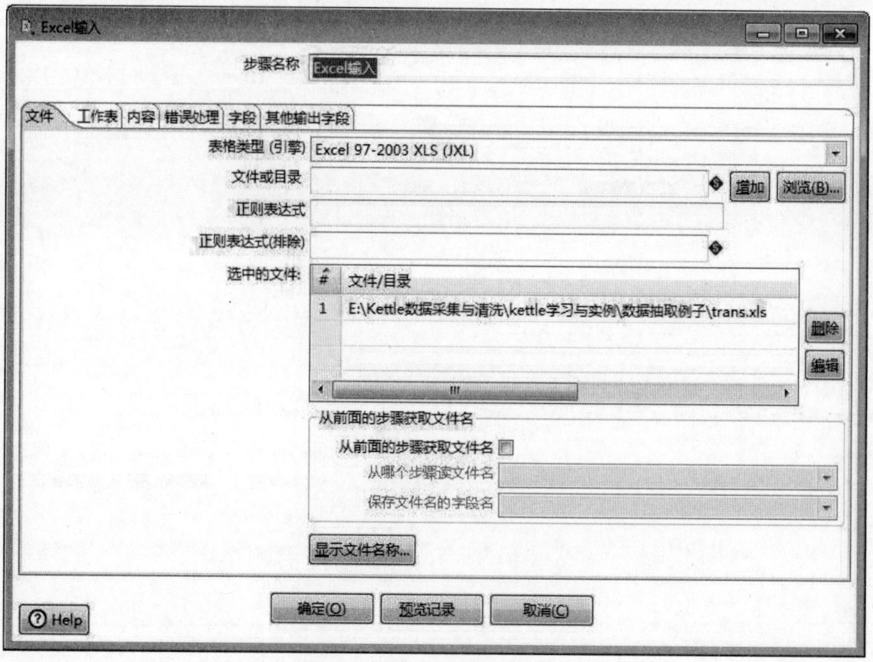

图 2-46 添加 Excel 文件

图 2-47 获取工作表名称

图 2-48 获取工作表字段

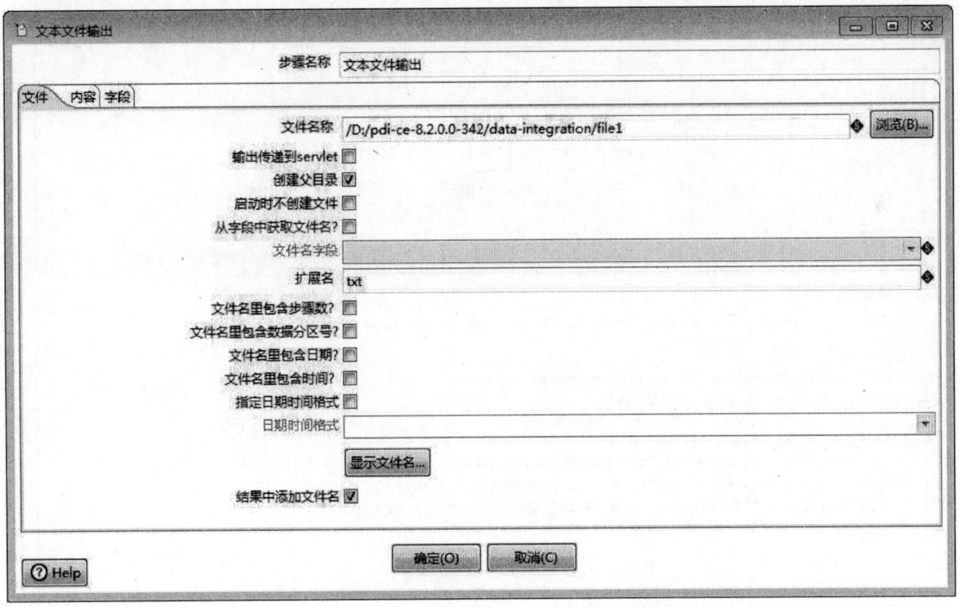

图 2-49 设置要保存的文件名称和路径

图 2-50 获取要输出的字段

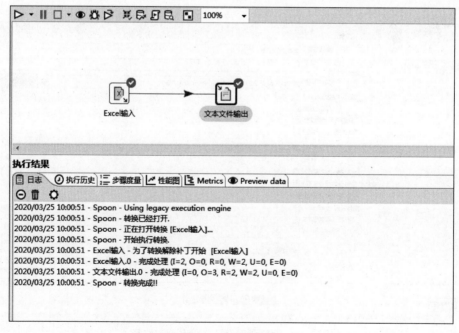

图 2-51 运行转换

（6）在已经设置好的输出文件路径下查看生成的文件，如图 2-52 所示。

图 2-52　查看生成的文件

2.2.6　生成记录转换

生成记录是 Kettle 中的一个组件，该组件可自定义字段的类型（若为时间类型，还可设置格式）和数据值，并将其转换为其他格式输出。

【例 2-6】　生成记录转换。

（1）在 Kettle 中新建转换，在"输入"列表中选择"生成记录"步骤，在"输出"列表中选择"文本文件输出"步骤，拖动至右侧工作区，并建立节点连接，如图 2-53 所示。

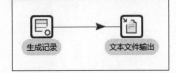

视频讲解

图 2-53　生成记录转换工作流程

（2）双击"生成记录"图标，在"限制"输入框中输入 1，在"字段"表格中依次设置对应的字段名称、类型和值，如图 2-54 所示。

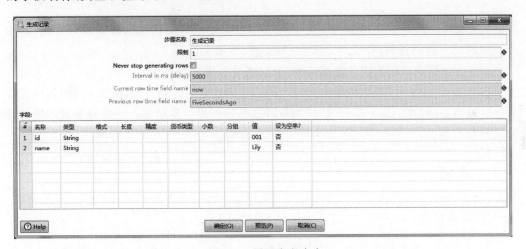

图 2-54　设置字段内容

（3）双击"文本文件输出"图标，在"文件"选项卡中设置文件的输出名称；在"内容"选项卡中设置文件的编码格式为 GBK；在"字段"选项卡中获取字段。

（4）保存该文件，运行转换，执行结果如图 2-55 所示。

（5）在已经设置好的输出文件路径下查看生成的文件，如图 2-56 所示。

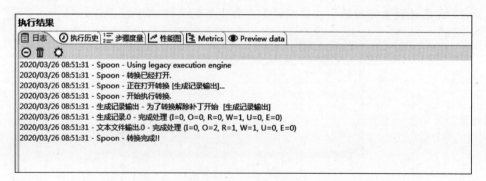

图 2-55　运行转换

图 2-56　查看生成的文件

2.3　本章小结

（1）文件格式是指在计算机中为了存储信息而使用的对信息的特殊编码方式，是用于识别内部存储的资料，有文本文件、视频文件、图像文件等。

（2）文件格式转换常用于数据库的存储、清洗和机器学习。

（3）Kettle 是一款国外开源的 ETL 工具，用于数据清洗和转换，纯 Java 编写，可以在 Windows、Linux、UNIX 上运行，数据抽取高效稳定。可以使用 Kettle 实现多种不同文件格式的相互转换。

2.4　实训

1. 实训目的

通过本章实训了解大数据存储中数据格式的特点，能进行简单的与大数据有关的数据转换与清洗操作。

2. 实训内容

1）使用 Kettle 读取 XML 文档

（1）准备 XML 文档，并保存为 2-4. xml，内容如下。

视频讲解

```
<?xml version = "1.0" encoding = "utf－8"?>
< books >
< book >
< name > XML 高级编程</name >
< description >讲述 XML 程序开发的高级知识</description >
</book >
< book >
< name > Java 高级编程</name >
< description >讲述 Java 程序开发的高级知识</description >
</book >
</books >
```

（2）启动 Kettle 后，新建转换，在"输入"列表中选择 Get data from XML 步骤，并将其拖动至右侧工作区，如图 2-57 所示。

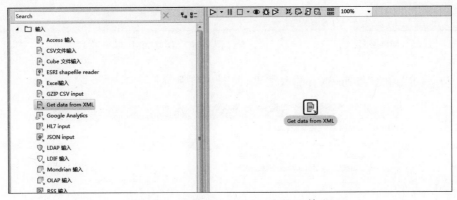

图 2-57　选择 Get data from XML 输入

（3）双击 Get data from XML 图标，将刚才创建的 XML 文件添加到 Get data from XML 对象中，如图 2-58 所示。

图 2-58　添加 XML 文件

（4）切换至"内容"选项卡，在"循环读取路径"中选择"获取 XML 文档的所有路径"，在弹出的对话框中选择/books/book，设置好路径，如图 2-59 所示。

（5）单击"确定"按钮，返回"内容"选项卡，设置编码格式为 UTF-8。

（6）切换至"字段"选项卡，单击"获取字段"按钮，获取 XML 文档的字段，如图 2-60 所示。

图 2-59 获取 XML 路径

图 2-60 获取 XML 文档字段

（7）单击"预览"按钮，查看抽取结果，如图 2-61 所示。

图 2-61 查看抽取的 XML 字段

视频讲解

2）将 XML 文档转换为 JSON 文档

（1）启动 Kettle 后，新建转换，在"输入"列表中选择 Get data from XML 步骤，在"输出"列表中选择 JSON output 步骤，拖动至右侧工作区并建立连接，如图 2-62 所示。

图 2-62 XML 转换为 JSON 工作流程

（2）双击 Get data from XML 图标，添加 2-4.xml 文件，如图 2-63 所示；在"内容"选项卡中获取 XML 的路径，用语句/books/book 实现；在"字段"选项卡中获取 XML 的所有字段。

图 2-63 添加 2-4.xml

（3）双击 JSON output 图标，在"一般"选项卡中设置"操作"为"写到文件"，设置"一个数据条目的数据行"为 2，并设置输出文件的保存名称和路径。在"字段"选项卡中单击"获取字段"按钮，如图 2-64 和图 2-65 所示。

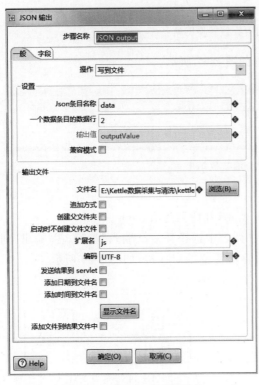

图 2-64 设置"一般"选项卡

图 2-65 设置"字段"选项卡

（4）保存该文件，运行转换，结果如图 2-66 所示。

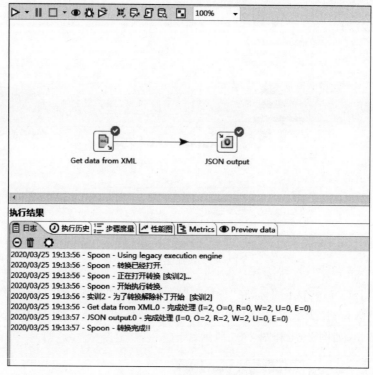

图 2-66　打开在线转换网站

（5）在生成的 JSON 文件中查看结果，如图 2-67 所示。

图 2-67　查看生成结果

3）将 Excel 文档转换为 XML 文档

（1）准备好 Excel 文档，内容如图 2-68 所示，并命名为 file.xls。

（2）启动 Kettle 后，新建转换，在"输入"列表中选择"Excel 输入"步骤，在"输出"列表中选择 XML output 步骤，拖动至右侧工作区并建立节点连接，如图 2-69 所示。

	A	B	C	D	E	F
	id	name	card	sex	age	
	1.00	张三	1.00	M	23.00	
	2.00	李四	2.00	M	24.00	
	3.00					
	4.00	王五	3.00	M	22.00	
	5.00					
	6.00	赵六	4.00	M	21.00	

图 2-68　file.xls 文档内容

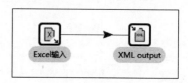

图 2-69　Excel 转换为 XML 工作流程

（3）双击"Excel 输入"图标，添加 file.xls 文件，如图 2-70 所示。依次设置"工作表"选项卡和"字段"选项卡，前面已经介绍过。

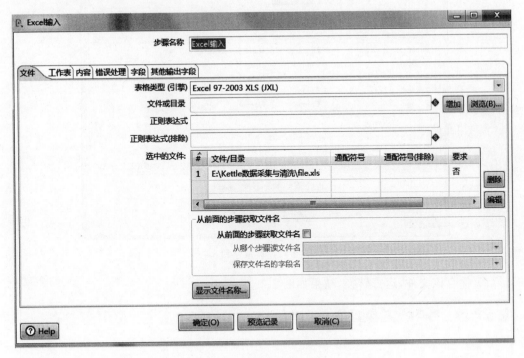

图 2-70　添加 Excel 文件

（4）双击 XML output 图标，在"文件"选项卡中设置输出 XML 文件的名称和路径，在"字段"选项卡中获取字段，如图 2-71 和图 2-72 所示。

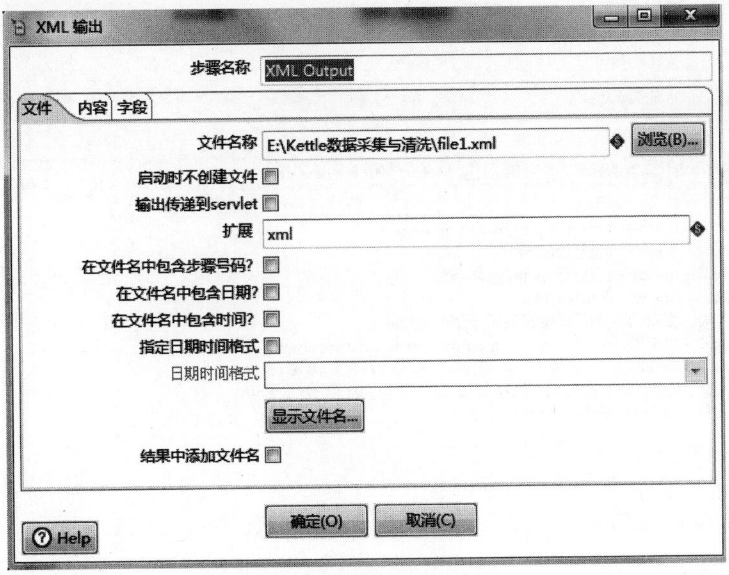

图 2-71　设置输出文件

图 2-72　获取字段

（5）保存该文件，运行转换，结果如图 2-73 所示。

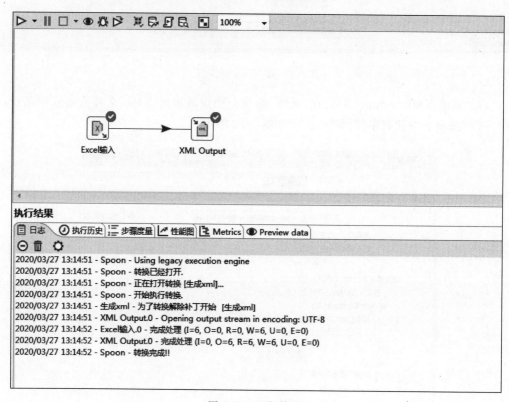

图 2-73　运行结果

（6）在生成的 XML 文件中查看结果，如图 2-74 所示。

图 2-74　查看生成结果

习题 2

（1）什么是文件格式？

（2）大数据中常见的文本文件格式有哪些？

（3）简述如何使用 Kettle 进行不同格式的数据转换。

第 **3** 章

Web数据抽取

本章学习目标
- 了解数据抽取的概念
- 了解 Web 数据抽取的原理
- 掌握使用 Kettle 实现 Web 数据抽取的应用

3.1　Web 数据抽取基础

1. 数据抽取概述

数据抽取是指把数据从数据源读出来，一般用于从源文件和源数据库中获取相关的数据，也可以从 Web 数据库中获取相关数据。

数据抽取的两个常用方式是全量抽取和增量抽取。全量抽取类似于数据迁移或数据复制，它将数据源中的表或视图的数据原封不动地从数据库中抽取出来，并转换成自己的 ETL 工具可以识别的格式，全量抽取通常比较简单。增量抽取只抽取自上次抽取以来数据库中要抽取的表中新增或修改的数据。在 ETL 使用过程中，增量抽取较全量抽取应用更广。

图 3-1 显示了从数据库中抽取数据的过程。一般来说，在进行数据抽取的时候，需要根据不同情况制定不同的抽取规则，再将抽取规则转换为对应的查询语句实现。

目前增量数据抽取中常用的捕获变化数据的方法主要有以下 5 种。

1）触发器方式

触发器方式是指在要抽取的表上建立需要的触发器，一般要建立插入、修改、删除 3 个触发器，每当源表中的数据发生变化，变化的数据就被相应的触发器写入一个临时表，

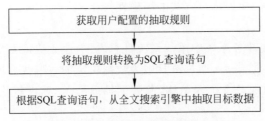

图 3-1　从数据库中抽取数据的过程

抽取线程从临时表中抽取数据,临时表中抽取过的数据被标记或删除。

优点:数据抽取的性能高,ETL 加载规则简单,速度快,不需要修改业务系统表结构,可以实现数据的递增加载。

缺点:要求业务表建立触发器,对业务系统有一定的影响。

2) 时间戳方式

时间戳方式是一种基于快照比较的变化数据捕获方式,在源表上增加一个时间戳字段,系统中更新修改表数据的时候,同时修改时间戳字段的值。当进行数据抽取时,通过比较系统时间与时间戳字段的值决定抽取哪些数据。有的数据库的时间戳支持自动更新,即表的其他字段的数据发生改变时,自动更新时间戳字段的值。有的数据库不支持时间戳的自动更新,这就要求业务系统在更新业务数据时手工更新时间戳字段。

优点:与触发器方式一样,时间戳方式的性能也比较好,ETL 系统设计清晰,源数据抽取相对清楚简单,可以实现数据的递增加载。

缺点:时间戳维护需要由业务系统完成,对业务系统也有很大的倾入性(加入额外的时间戳字段),特别是对不支持时间戳的自动更新的数据库,还要求业务系统进行额外的更新时间戳操作,工作量大,改动大,风险大;另外,无法捕获对时间戳以前数据的删除和更新操作,在数据准确性上受到了一定的限制。

3) 全表删除插入方式

全表删除插入方式是指每次 ETL 操作均删除目标表数据,由 ETL 全新加载数据。

优点:ETL 加载规则简单,速度快。

缺点:对于数据的管理不方便,当业务系统产生删除数据操作时,综合数据库不会记录到所删除的历史数据,不可以实现数据的递增加载;同时对于目标表所建立的关联关系,需要重新进行创建。

4) 全表比对方式

全表比对方式是采用 MD5 校验码,ETL 工具事先为要抽取的表建立一个结构类似的 MD5 临时表,该临时表记录源表主键以及根据所有字段的数据计算出来的 MD5 校验码,每次进行数据抽取时,对源表和 MD5 临时表进行 MD5 校验码的比对,如有不同,进行更新操作,如目标表中没有该主键值,表示还没有该记录,即进行插入操作。

优点:对已有系统表结构不产生影响,不需要修改业务操作程序,所有抽取规则由 ETL 完成,管理维护统一,可以实现数据的递增加载,没有风险。

缺点:ETL 比对较复杂,设计较复杂,速度较慢。与触发器和时间戳方式中的主动通知不同,全表比对方式是被动地进行全表数据的比对,性能较差。当表中没有主键或唯一列且含有重复记录时,全表比对方式的准确性较差。

5) 日志表方式

日志表方式是指在业务系统中添加系统日志表,当业务数据发生变化时,更新维护日志表内容,当进行 ETL 加载时,通过读日志表数据决定加载哪些数据及如何加载。

优点:不需要修改业务系统表结构,源数据抽取清楚,速度较快,可以实现数据的递增加载。

缺点:日志表维护需要由业务系统完成,需要对业务系统的业务操作程序进行修改,记录日志信息。日志表维护较为麻烦,对原有系统有较大影响,工作量较大,改动较大,有一定风险。

2. Web 数据抽取

随着信息技术的不断发展,Web 上的信息内容和数据呈现出爆炸式的增长,从而使 Web 逐渐成为一个巨大、丰富、分布广泛的数据源。因此,有效地在 Web 上实现数据的抽取技术为进一步分析和挖掘提供了数据支持,具有十分重要的应用价值和现实意义。通过 Web 数据集成可以实现对 Web 数据的有效整合,为大数据分析提供信息源支持。Web 数据抽取技术随着互联网技术的发展、网页信息的扩充而产生,从手工到半自动,再到全自动的技术完善,Web 数据抽取技术成为大数据分析的主要技术,并在此基础上形成 Web 数据集成系统。Web 数据集成系统中的数据,不仅可以为各类大数据分析提供信息支持,还可以为 Web 数据集成系统自身集成提供帮助。

Web 数据抽取技术的作用和意义主要体现在:首先,Web 数据抽取是实现 Web 数据集成的基础和保证,Web 数据抽取可以完成对 Web 页面中广泛存在的结构化数据和半结构化数据的抽取工作,为 Web 数据集成奠定数据基础;其次,Web 数据抽取可以实现对 Web 数据的理解,Web 网页中的数据大部分是半结构化数据,通过 Web 数据抽取技术的实现,可以对抽取到的 Web 数据元素进行语言标注;最后,Web 数据抽取为 Web 数据集成中的其他环节提供数据服务,Web 数据抽取可以利用已抽取的 Web 数据对象间的联系,发现 Web 实体间的潜在联系。例如,在 Web 数据集成系统中,利用 Web 实体间的联系,可以形成一个基于这些联系的实施知识库,为进一步实施 Web 数据集成的数据整合、数据分析等服务提供数据支持。

一般来讲,目前 Web 数据抽取的实现有以下几步。

(1) 确立采集目标,即由用户选择目标网站。

(2) 提取特征信息,即根据目标网站的网页格式,提取出采集目标数据的共性。

(3) 网络信息获取,即利用工具自动地把页面数据存到数据库。

值得注意的是,由于 Web 上的信息大多以 HTML 文档的形式出现,且 HTML 文档主要是用于浏览,而不是用于数据操作和应用的。因此,Web 信息抽取在传统的信息提取研究的基础上,将重点放在如何将分布在 Internet 上的半结构化 HTML 页面中的某些特定信息抽取出来,转化为结构化的形式保存在数据库中供用户查询、分析使用。

所谓半结构化数据,其实是结构化数据的一种形式,它并不符合关系型数据库或其他数据表的形式关联起来的数据模型结构,但包含相关标记,用来分隔语义元素以及对记录和字段进行分层。因此,它也称为自描述的结构。这种灵活性可能使查询处理更加困难,但它也具有显著的优势。

图 3-2 所示为 JSON 在 Web 中的存储形式。

```
{
    "status":"OK",
    "result":{
        "location":{
            "lng":116.512885,
            "lat":39.847469
        },
        "precise":1,
        "confidence":80,
        "level":"\u9910\u996e"
    }
}
```

图 3-2　JSON 在 Web 中的存储形式

3.2　Web 数据抽取的实现

3.2.1　Kettle 数据抽取原理

Web 数据抽取可以依靠各种编程或开源软件实现。例如,可以通过 Kettle 抽取 Web 数据。通过 Kettle 获取的网页数据以结构化数据和半结构化数据为主,如人们熟悉的 XML 格式、JSON 格式等。本节主要讲解使用 Kettle 实现 Web 页面中的数据抽取。

在 Kettle 中要实现 Web 数据抽取,可以在"查询"列表中利用 HTTP client、HTTP post、REST client 以及 Web 服务查询等多个步骤完成,如图 3-3 所示。

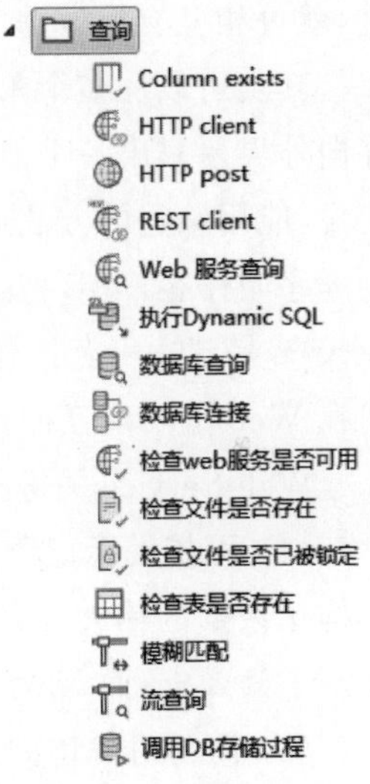

1. HTTP client

Kettle 抽取网页数据的原理主要在于 Kettle 使用了 Apache VFS 系统,VFS 系统可以像处理文本文件一样处理 HTTP 文件,所以用户可以在 Kettle 中使用文本文件输入等步骤并直接将统一资源定位符(Uniform Resource Locator,URL)作为文件名使用。

图 3-3　查询组件

HTTP client 是 Apache Jakarta Common 下的子项目,用来提供高效的、最新的、功能丰富的、支持 HTTP 协议的客户端编程工具包,并且支持 HTTP 最新的版本和建议。HTTP client 相比传统 jdk 自带的 URLConnection,增强了易用性和灵活性,它不仅使客户端发送 HTTP 请求变得容易,而且也方便开发人员测试接口(基于 HTTP),既提高了开发的效率,也方便提高代码的健壮性。现在,HTTP client 已经应用在很多项目中,如 Apache Jakarta 上很著名的两个开源项目 Cactus 和

HTML Unit,都使用了 HTTP client。

HTTP client 有以下几个主要特点。

(1) 基于标准、纯净的 Java 语言,实现了 HTTP 1.0 和 HTTP 1.1。

(2) 以可扩展的面向对象的结构实现了 HTTP 全部的方法(GET、POST、PUT、DELETE、HEAD、OPTIONS 以及 TRACE)。

(3) 支持 HTTPS 协议。

(4) 通过 HTTP 代理建立透明的连接。

(5) 便携可靠的套接字工厂使它更容易使用第三方解决方案。

(6) 直接获取服务器发送的 Response Code 和 Headers。

(7) 在 HTTP 1.0 和 HTTP 1.1 中利用 Keep Alive 保持持久连接。

(8) 设置连接超时的能力。

2. Web 服务查询

Web 服务查询也称为 Web Service,它是一个平台独立的、低耦合的、自包含的、基于可编程的 Web 应用程序,同时也是一种跨编程语言和跨操作系统平台的远程调用技术。Web Service 以 HTTP 为基础,通过 XML 进行客户端和服务器端的通信。通过 Web Service 可以使运行在不同机器上的不同应用程序不借助附加的、专门的第三方软件或硬件,就可相互交换数据。

其实可以从多个角度理解 Web Service。从表面上看,Web Service 就是一个应用程序向外界暴露出一个能通过 Web 进行调用的 API(属于一种操作系统或程序接口),也就是说,能用编程的方法通过 Web 调用这个应用程序。我们把调用这个 Web Service 的应用程序叫作客户端,把提供这个 Web Service 的应用程序叫作服务端。从深层次看,Web Service 是建立可互操作的分布式应用程序的新平台,是一套标准,它定义了应用程序如何在 Web 上实现互操作性。

Web Service 关键技术与协议如下。

(1) 可扩展标记语言(eXtensible Markup Language,XML):XML 是在 Web 上传输结构化数据的伟大方式,Web Service 要以一种可靠的、自动的方式操作数据,HTML 满足不了其要求,而 XML 可以使 Web Service 以十分方便的方式处理数据。

(2) 简易对象访问协议(Simple Object Access Protocol,SOAP):用来描述传递信息的格式,是一种简单的基于 XML 的协议,它被设计成在 Web 上交换结构化和固化的信息。SOAP 采用了已经广泛使用的两个协议:HTTP 和 XML,其中 HTTP 用于实现 SOAP 的远程过程调用(Remote Procedure Call,RPC)风格的传输,而 XML 是它的编码模式。

(3) Web 服务描述语言(Web Service Description Language,WSDL):用来描述 Web Service 以及如何访问 Web Service。同时,WSDL 文档是一个遵循 WSDL-XML 模式的 XML 文档,WSDL 文档将 Web 服务定义为服务访问点或端口的集合。在 WSDL

中,由于服务访问点和消息的抽象定义已从具体的服务部署或数据格式绑定中分离出来,因此可以对抽象定义进行再次使用。

(4) UDDI(Universal Description Discovery and Integration):一种用于描述、发现、集成 Web Service 的技术,它是 Web Service 协议栈的一个重要部分。通过 UDDI,企业可以根据自己的需要动态查找并使用 Web 服务,也可以将自己的 Web 服务动态地发布到 UDDI 注册中心,供其他用户使用。

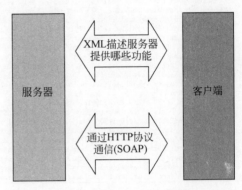

在具体实现中,SOAP 用来描述传递信息的格式;WSDL 用来描述如何访问具体的接口;UDDI 用来管理、分发、查询 Web Service。

Web Service 原理如图 3-4 所示。

Web Service 常见的开发实例如下。

(1) 利用 Web Service 实现数据添加。

(2) 利用 Web Service 实现数据删除。

(3) 利用 Web Service 实现给手机发短信。

图 3-4 Web Service 原理

3.2.2 Kettle 数据抽取实现

1. HTTP client 数据抽取

【例 3-1】 从生成记录中抽取数据。

(1) 启动 Kettle 后,新建转换,在"输入"列表中选择"生成记录"步骤,在"查询"列表中选择 HTTP client 步骤,拖动至右侧工作区并建立节点连接,如图 3-5 所示。

(2) 双击"生成记录"图标,在"限制"输入框中输入 1;设置字段名称为 string,类型为 String,值为 http://services. odata. org/V3/Northwind/Northwind. svc/Products/,如图 3-6 所示。

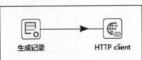

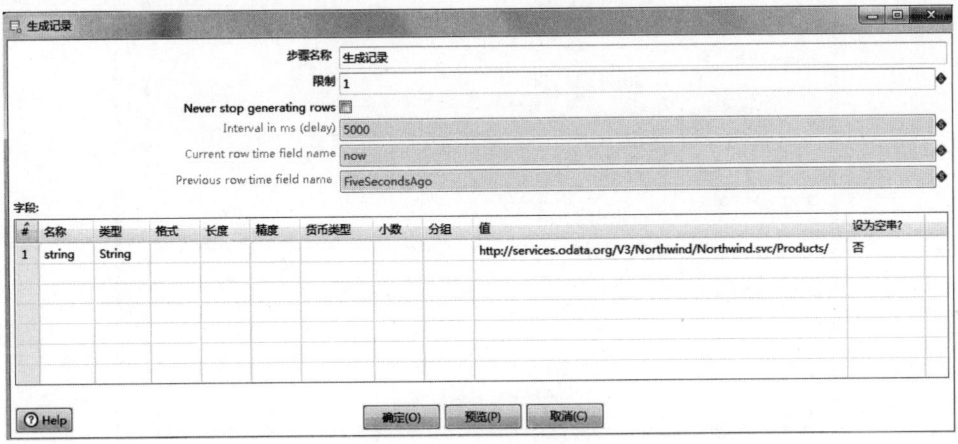

图 3-5 HTTP client 数据抽取工作流程

图 3-6 设置生成记录(1)

该网址中存储的数据格式为 XML 类型,网站部分数据如图 3-7 所示。

图 3-7 网站部分数据

(3) 双击 HTTP client 图标,在 General 选项卡中勾选"从字段中获取 URL?",并输入 URL 字段名为 string,结果字段名为 result,并在 Fields 选项卡中获取字段,如图 3-8 和图 3-9 所示。

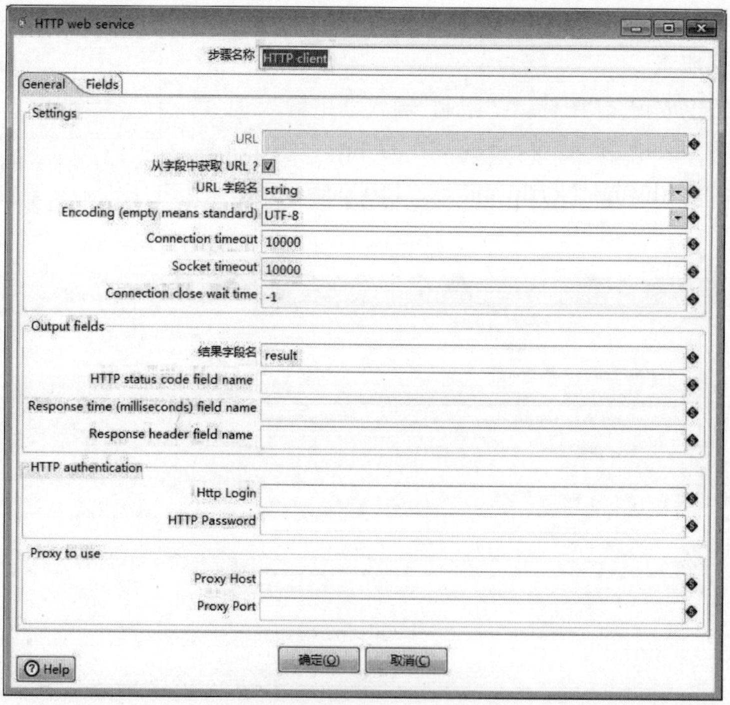

图 3-8 设置 General 选项卡

图 3-9　获取字段

（4）保存该文件，运行转换，执行结果如图 3-10 所示。

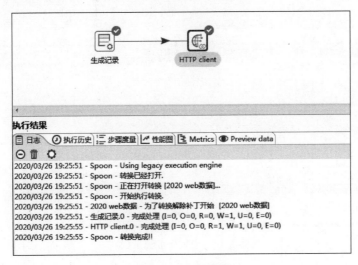

图 3-10　运行转换

（5）可以清楚地看到，已经完成了数据的抽取，如图 3-11 所示。

【例 3-2】　抽取 XML 数据并显示。

（1）启动 Kettle 后，新建转换，在"输入"列表中选择"生成记录"步骤，在"查询"列表

视频讲解

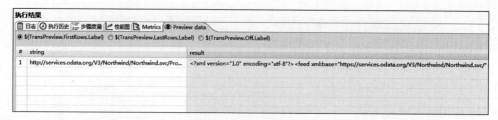

图 3-11　数据抽取结果

中选择 HTTP client 步骤,在"输入"列表中选择 Get data from XML 步骤,在"转换"列表中选择"字段选择"步骤,将其一一拖动到右侧工作区中,并建立彼此之间的节点连接关系,如图 3-12 所示。

图 3-12　Kettle 抽取 XML 数据工作流程

(2) 双击"生成记录"图标,设置字段名称为 url,类型为 String,值为 http://services. odata. org/V3/Northwind/Northwind. svc/Products/,如图 3-13 所示。

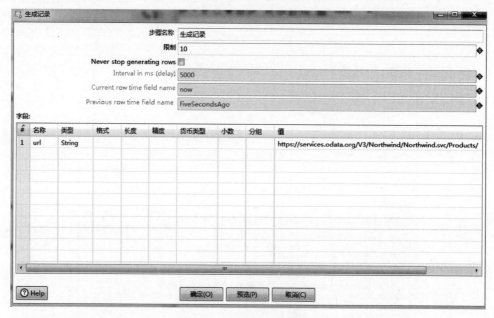

图 3-13　设置生成记录(2)

(3) 单击"预览"按钮,可查看生成记录的数据,如图 3-14 所示。

(4) 双击 HTTP client 图标,勾选"从字段中获取 URL?",在"URL 字段名"下拉列表中选择 url,在"结果字段名"输入框中输入 result,如图 3-15 所示。

(5) 双击 Get data from XML 图标,在"文件"选项卡中勾选"XML 源定义在一个字段里?",在"XML 源字段名"下拉列表中选择 result,如图 3-16 所示。

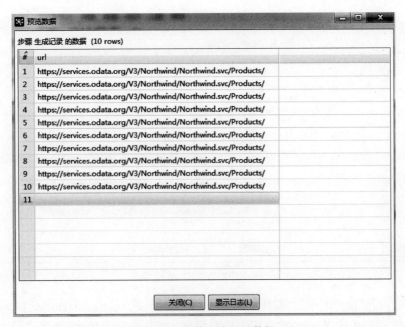

图 3-14 预览生成记录数据

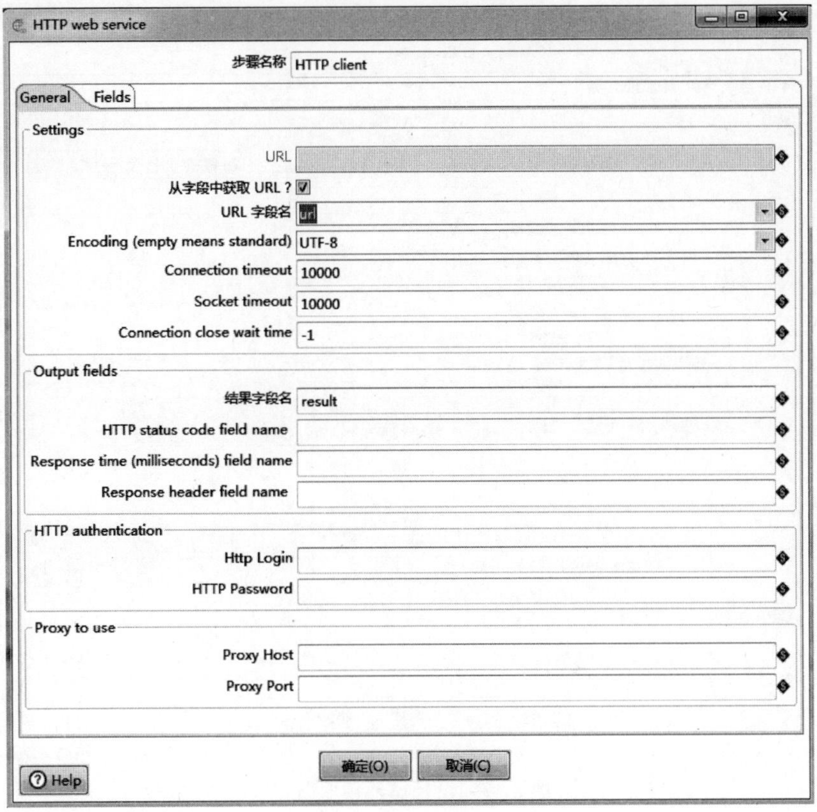

图 3-15 设置 HTTP client

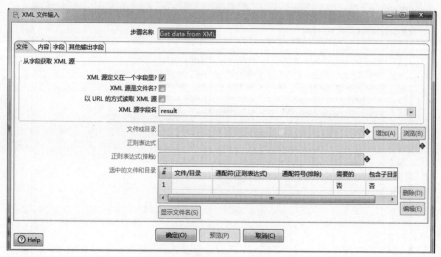

图 3-16　设置 XML 文件输入

（6）在"内容"选项卡中的"循环读取路径"中输入/feed/entry/content/m：properties。该路径是 XML 语法中的 Xpath 查询，用于读取网页数据中的节点内容，如图 3-17 所示。

图 3-17　设置循环读取路径

（7）在"字段"选项卡中输入以下字段内容，如图 3-18 所示。

（8）双击"字段选择"图标，在"选择和修改"选项卡中输入字段内容，如图 3-19 所示。

图 3-18　输入字段内容

图 3-19　设置"选择和修改"选项卡

（9）保存该文件，运行转换，可以在执行结果区域的"步骤度量"选项卡中查看该程序的执行状况，如图 3-20 所示。

（10）在执行结果区域的 Preview data 选项卡中查看该程序抽取网页的数据内容，这里选择前 20 条数据显示。在结果中显示了产品 ID、产品名称以及产品价格，如图 3-21 所示。

【课堂练习】　从生成记录中抽取数据并用文本文件输出显示。

制作如图 3-22 所示的流程，在 HTTP client 后用文本文件输出结果。

其中 URL 为 http://sports.sina.com.cn/global/。

生成的文本文件如图 3-23 所示。

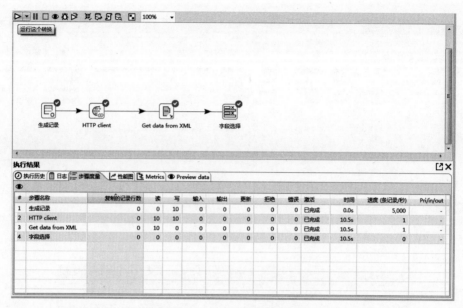

图 3-20　查看程序的执行状况

#	步骤名称	复制的记录行数	读	写	输入	输出	更新	拒绝	错误	激活	时间	速度 (条记录/秒)	Pri/in/out
1	生成记录	0	0	10	0	0	0	0	0	已完成	0.0s	5,000	-
2	HTTP client	0	10	10	0	0	0	0	0	已完成	10.5s	1	-
3	Get data from XML	0	10	0	0	0	0	0	0	已完成	10.5s	1	-
4	字段选择	0	0	0	0	0	0	0	0	已完成	10.5s	0	-

执行结果

${TransPreview.FirstRows.Label}　${TransPreview.LastRows.Label}　${TransPreview.Off.Label}

#	产品编号	产品名称	产品单价
1	1	Chai	18.0
2	2	Chang	19.0
3	3	Aniseed Syrup	10.0
4	4	Chef Anton's Cajun Seasoning	22.0
5	5	Chef Anton's Gumbo Mix	21.35
6	6	Grandma's Boysenberry Spread	25.0
7	7	Uncle Bob's Organic Dried Pears	30.0
8	8	Northwoods Cranberry Sauce	40.0
9	9	Mishi Kobe Niku	97.0
10	10	Ikura	31.0
11	11	Queso Cabrales	21.0
12	12	Queso Manchego La Pastora	38.0
13	13	Konbu	6.0
14	14	Tofu	23.25
15	15	Genen Shouyu	15.5
16	16	Pavlova	17.45
17	17	Alice Mutton	39.0
18	18	Carnarvon Tigers	62.5
19	19	Teatime Chocolate Biscuits	9.2
20	20	Sir Rodney's Marmalade	81.0

图 3-21　显示抽取的网页数据

图 3-22　Kettle 流程

```
url;url_1
http://sports.sina.com.cn/global/;"<!DOCTYPE html><!-- [ published at 2020-03-26 14:00:56 ] --><html><head>   <meta charset=""utf-8"">   <!--$[标题]-->   <title>国际足球_新浪竞技风暴_新浪网
</title>   <meta name=""keywords"" content=""国际足球,英超,意甲,西甲,德甲,法甲,欧冠,世界杯,FIFA,欧洲杯,欧联杯"" /> <meta name=""description"" content=""新浪体育国际足球首页，呈现丰富专业生动的
国际足球最新新闻、视频直播、视频点播、高清图片、深度新闻"" />   <meta http-equiv=""X-UA-Compatible"" content=""IE=edge"" />   <meta name=""viewport"" content=""width=1024,maximum-scale=2.0"" />
<meta name=""stencil"" content=""PGLS000626"" />   <link rel=""stylesheet"" href=""//e2.sinaimg.cn/ssfe/sports/commonUtils/sports/css/global/weibo-all.css"">   <link rel=""stylesheet""
href=""//e2.sinaimg.cn/ssfe/sports/commonUtils/sports/css/global/common.css""/>   <script charset=""gb2312"" src=""//sports.sina.com.cn/js/1256/2013/gjzq/require.js""></script>   <script
type=""text/javascript"" src=""//n.sinaimg.cn/default/7919a7ba/20191101/config.js?v=20191101""></script><script type=""text/javascript""
src=""//e2.sinaimg.cn/ssfe/sports/commonUtils/sports/scripts/global/sinaflash.js""></script><script src=""//i.sso.sina.com.cn/js/genvisitor.js""></script><style>#preload_bookmark,#preload_bookmark
#sprite{width:0;height:0;position:absolute;left:-9999px;background:url(""//i2.sinaimg.cn/dy/sinatag/addfav_pop_bg.png"") no-repeat 0 0;}#preload_bookmark #sprite{background:url
(""//i1.sinaimg.cn/dy/sinatag/btns_addfav_spirite.png"") no-repeat 0 0;}</style><style type=""text/css"" id=""ipadCSS""></style><script type=""text/javascript"">   function(){   var
isTouchDevice = 'ontouchstart' in window;   if(isTouchDevice){   document.getElementById('ipadCSS').innerHTML = '#pchtml{display:none !important;}#padhtml
{display:block !important;}';   }   }();</script><meta name=""sudameta"" content=""dataid:wpcomos:64956"" /></head><body><!-- body code begin -->

<!-- SUDA_CODE_START -->
<script type=""text/javascript"">
//<!--
(function(){var an=""V=2.1.16"";var ah=window,F=document,s=navigator,W=s.userAgent,ao=ah.screen,j=ah.location.href;var
aD=""https:""==ah.location.protocol?""https://s"":""http://"",ay=""beacon.sina.com.cn"";var N=aD+ay+""/a.gif?"",z=aD+ay+""/g.gif?"",R=aD+ay+""/f.gif?"",ag=aD+ay+""/e.gif?"",aB=aD
+""beacon.sinauda.com/i.gif?"";var aA=F.referrer.toLowerCase();var aa=""SINAGLOBAL"",Y=""FSINAGLOBAL"",H=""Apache"",P=""ULV"",l=""SUP"",aE=""UOR"",E=""_s_acc"",X=""_s_tentry"",n=false,az=false,B=
(document.domain==""sina.com.cn"")?true:false;var o=0;var aG=false,A=false;var al="""";var m=16777215,Z=0,C,K=0;var r="""",b="""",a="""";var M=[],S=[],I=[];var u=0;var v=0;var p="""";var
am=false;var w=false;function O(){var e=document.createElement(""iframe"");e.src=aD+ay+""/data.html?""+new Date().getTime
();e.id=""sudaDataFrame"";e.style.height=""0px"";e.style.width=""1px"";e.style.overflow=""hidden"";e.frameborder=""0"";e.scrolling=""no"";document.getElementsByTagName(""head"")[0].appendChild(e)}
function k(){var e=document.createElement(""iframe"");e.src=aD+ay
```

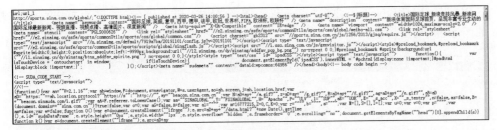

图 3-23 生成的文本文件内容

2. Web Service 数据抽取

Kettle 可通过两种方式获取 Web Service 结果，一种是 Web 服务查询，另一种是利用 HTTP POST。下面介绍使用 Web 服务查询的方式获取 Web Service 结果。

视频讲解

【例 3-3】 使用 Web Service 抽取天气数据并显示。

（1）启动 Kettle 后，新建转换，在“输入”列表中选择“生成记录”步骤，在“查询”列表中选择“Web 服务查询”步骤，在“输出”列表中选择“文本文件输出”步骤，将其一一拖动到右侧工作区中，并建立彼此之间的节点连接关系，如图 3-24 所示。

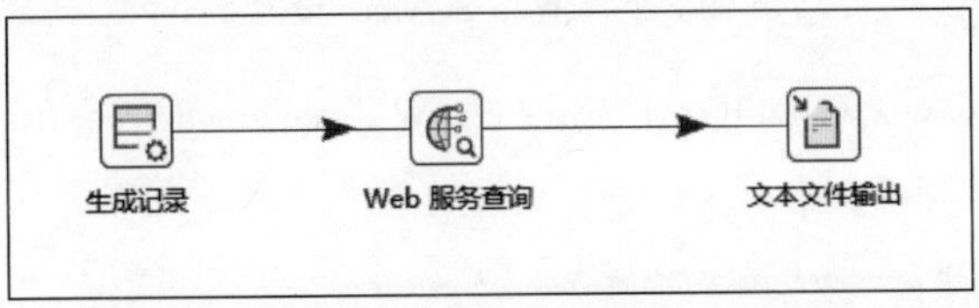

图 3-24 Web Service 数据抽取工作流程

（2）双击“生成记录”图标，在“限制”输入框中输入 1，设置字段名称为 localcity，类型为 String，值为重庆，如图 3-25 所示。

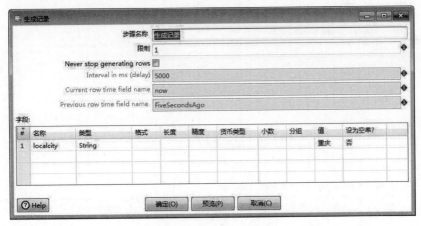

图 3-25 生成记录设置

（3）双击“Web 服务查询”图标，在 Web Services 选项卡中的 URL 框中输入 http://www.webxml.com.cn/WebServices/WeatherWebService.asmx?WSDL，在“操作”中选

择 getWeatherbyCityName,注意"v2. x/3. 0 兼容模式"要取消勾选,最后单击"加载"按
钮,如图 3-26 所示。

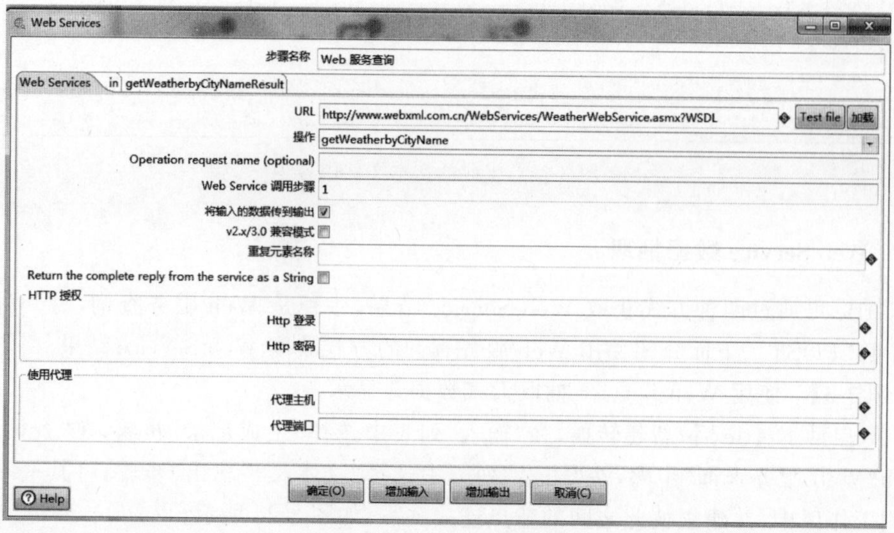

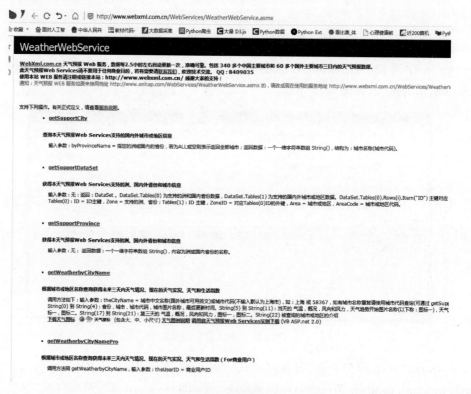

图 3-26　Web Services 设置

该网址为 http://www. webxml. com. cn/WebServices/WeatherWebService. asmx,
其页面内容如图 3-27 所示。

图 3-27　网站内容

在该网站中,我们调用了一个接口——getWeatherbyCityName,得到城市的天气情况,如图 3-28 所示。

- **getWeatherbyCityName**

根据城市或地区名称查询获得未来三天内天气情况、现在的天气实况、天气和生活指数

调用方法如下：输入参数：theCityName = 城市中文名称(国外城市可用英文)或城市代码(不输入默认为上海市)；如：上海 或 58367，如有城市 String(0) 到 String(4)：省份，城市，城市代码，城市图片名称，最后更新时间。String(5) 到 String(11)：当天的 气温，概况，风向和风力，；标一，图标二。String(17) 到 String(21)：第三天的 气温，概况，风向和风力，图标一，图标二。String(22) 被查询的城市或地区的介绍
下载天气图标 ☁️🌤 天气图标 (包含大、中、小尺寸) **天气图例说明 调用此天气预报Web Services实例下载** (VB ASP.net 2.0)

图 3-28 网站接口

由于调用了 Web 服务,因此在前面的 URL 框中网址最后要加上"？WSDL"。

(4) 在 in 选项卡中输入名称、WS 名称和 WS 类型分别为 localcity、theCityName 和 string,如图 3-29 所示。

图 3-29 in 选项卡设置

(5) 在 getWeatherbyCityNameResult 选项卡中输入名称、WS 名称和 WS 类型分别为 WeatherbyCityNameResult、getWeatherbyCityNameResult 和 ArrayOfstring,如图 3-30 所示。

图 3-30 getWeatherbyCityNameResult 选项卡设置

（6）在"文本文件输出"步骤中设置要保存的文件名为 file6.txt。

（7）保存该文件，运行转换，执行该程序，如图 3-31 所示。

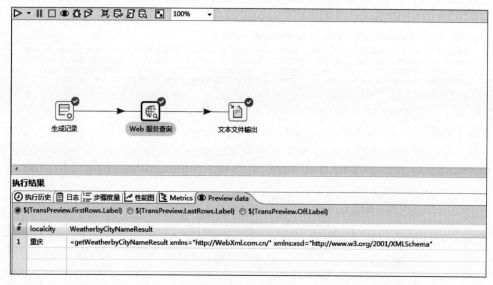

图 3-31　运行转换

（8）在保存的文本文件中查看结果，如图 3-32 所示。

图 3-32　查看保存的文本文件

3.3　本章小结

（1）数据抽取是指把数据从数据源读出来，一般用于从源文件和源数据库中获取相关的数据，也可以从 Web 数据库中获取相关数据。

（2）有效地在 Web 上实现数据抽取技术为进一步分析和挖掘提供了数据支持，具有十分重要的应用价值和现实意义。

（3）Web 数据抽取可以依靠各种编程或开源软件实现。例如，可以通过 Kettle 抽取 Web 数据。通过 Kettle 获取的网页数据以结构化数据和半结构化数据为主，如人们熟悉的 XML 格式、JSON 格式等。

（4）在 Kettle 中要实现 Web 数据抽取，可以利用 HTTP client、HTTP post、REST client 以及 Web 服务查询等多个组件完成。

3.4　实训

1. 实训目的

通过本章实训了解 Web 抽取数据的特点,能进行简单的与 Web 抽取有关的操作。

2. 实训内容

1) 使用 Web Service 抽取汇率数据并显示

(1) 页面网址为 http://webservices.gama-system.com/exchangerates.asmx,内容如图 3-33 所示。该网站通过 Web Service 提供汇率和货币换算信息。

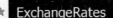

ExchangeRates

WebService provides exchange rate and currency conversion information.

The following operations are supported. For a formal definition, please review the **Service Description**.

- **ConvertToEUR**
  Method converts the specified value of foreign currency to EUR.
- **ConvertToForeign**
  Method converts the specified value of EUR to foreign currency.
- **CurrentConvertToEUR**
  Method converts the current specified value of foreign currency to EUR.
- **CurrentConvertToForeign**
  Method converts the specified value of EUR to current foreign currency.
- **GetCurrentExchangeRate**
  Method returns current specified exchange rate for the specified bank and currency.
- **GetCurrentExchangeRatesXML**
  Method returns an XML formatted string containing current exchange rates for the specified bank.
- **GetExchangeRate**
  Method returns specified exchange rate for the specified bank, date and currency.
- **GetExchangeRatesByDateXML**
  Method returns an XML formatted string containing exchange rates for the specified bank and currency that are between specified dates.
- **GetExchangeRatesByValueXML**
  Method returns an XML formatted string containing exchange rates for the specified bank and currency that are between specified values.
- **GetExchangeRatesXML**
  Method returns an XML formatted string containing exchange rates for the specified bank and date.
- **GetExchangeRatesXMLSchema**
  Method returns XML schema (XSD) in which all XML formatted exchange rate information is in.

图 3-33　访问的网页页面

在该网站中我们调用了一个接口——GetCurrentExchangeRate,得到货币的汇率情况,如图 3-34 所示。

(2) 启动 Kettle 后,新建转换,在"输入"列表中选择"生成记录"步骤,在"查询"列表中选择"Web 服务查询"步骤,在"输出"列表中选择 XML output 步骤,并将其分别拖动到右侧工作区中建立节点连接,如图 3-35 所示。

(3) 双击"生成记录"图标,在"限制"输入框中输入 1,字段内容设置如图 3-36 所示。其中,GBP 表示英镑; USD 表示美元。

(4) 双击"Web 服务查询"图标,在 Web Services 选项卡中的 URL 框中输入 http://webservices.gama-system.com/exchangerates.asmx? WSDL,在"操作"下拉列表中选

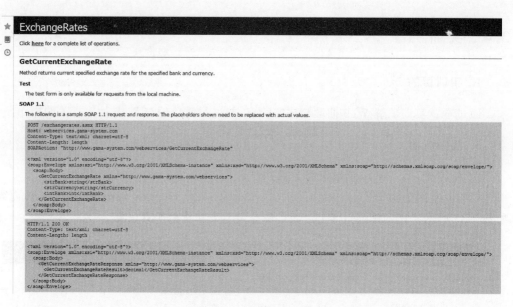

图 3-34　抽取的页面

图 3-35　抽取汇率数据工作流程

图 3-36　设置生成记录

择 GetCurrentExchangeRate,注意在本例中要将"v2. x/3.0 兼容模式"勾选上,最后单击
"加载"按钮,如图 3-37 所示。

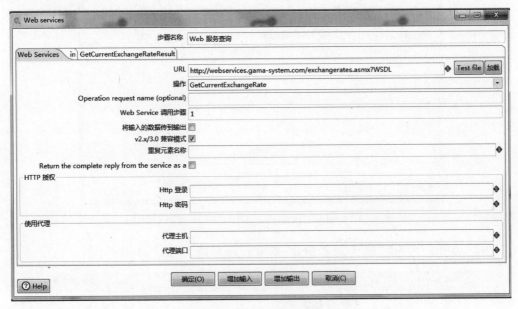

图 3-37 Web Services 设置

(5) 在 in 选项卡中输入名称、WS 名称和 WS 类型,内容如图 3-38 所示。

图 3-38 in 选项卡设置

(6) 在 GetCurrentExchangeRateResult 选项卡中输入名称、WS 名称和 WS 类型分
别为 GetCurrentExchangeRateResult、GetCurrentExchangeRateResult 和 decimal,如
图 3-39 所示。

(7) 双击 XML output 图标,在"文件"选项卡中设置要保存的文件名称为 2020-2. xml,

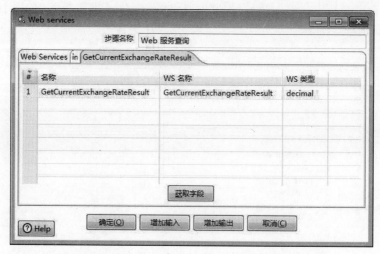

图 3-39　GetCurrentExchangeRateResult 选项卡设置

在"字段"选项卡中单击"获取字段"按钮,如图 3-40 和图 3-41 所示。

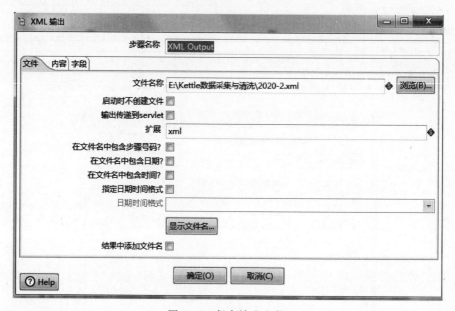

图 3-40　保存输出文件

(8) 保存该文件,运行转换,执行该程序,如图 3-42 所示。

(9) 查看执行结果,如图 3-43 所示。

(10) 在生成的 XML 文件中查看结果,如图 3-44 所示。

2) 抽取 Web 中的图片

本例使用 Kettle 抽取 Web 中的图片,URL 地址为 https://pics3. baidu. com/feed/a1ec08fa513d26977ec9e1f4201608f34216d873. jpeg? token=ccfab3d1e2305a91be3a1100b46cbfc1。图片效果如图 3-45 所示。

图 3-41　获取字段

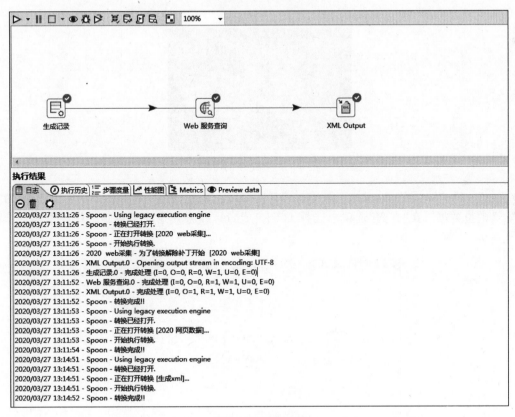

图 3-42　运行转换

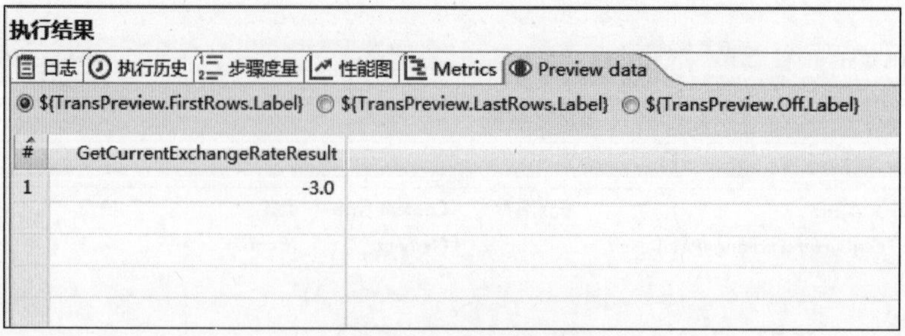

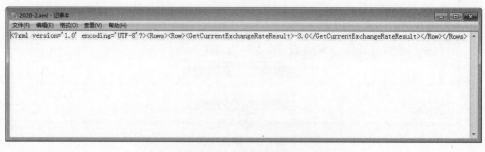

图 3-43　查看执行结果

图 3-44　查看生成文件

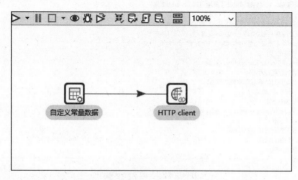

图 3-45　Web 中的图片

（1）成功运行 Kettle 后，在菜单栏选择"文件"|"转换"命令，在"输入"选项中选择"自定义常量数据"，在"查询"选项中选择 HTTP client，并将其拖动到右侧工作区中建立节点连接，如图 3-46 所示。

图 3-46　建立连接

（2）双击"自定义常量数据"图标，在"元数据"选项中的"名称"中输入"url"，在"数据"选项中的 url 中输入图片的网址，如图 3-47、图 3-48 所示。

图 3-47　设置元数据

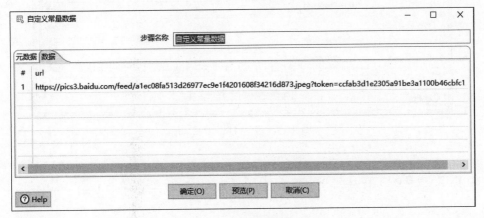

图 3-48　设置数据

从图 3-47、图 3-48 可以看出，自定义常量数据与生成记录不同，生成记录只有一个选项，字段的定义和值在同一个页签。而自定义常量有两个选项，分别是元数据和数据，其中，元数据用于设置字段的信息，若字段定义为 date 类型，则格式必须选择；而数据用于为定义的字段填充数据，用法类似于数据库中的建表并插入数据，自定义常量数据用法相比于生成记录要灵活很多。值得注意的是：在元数据中定义的字段，会在数据中自动生成供数据填充。

（3）双击 HTTP client 图标，选中"从字段中获取 URL"复选框，如图 3-49 所示。

（4）保存该文件，选择"运行这个转换"选项，执行该程序，并查看运行结果，如图 3-50 所示。

从图 3-50 可以看出，该抽取过程已经顺利完成，只是因为在 Kettle 中不能直接显示抽取的 Web 图片，因此在执行结果的 result 中显示的是乱码。一般在企业的实际操作中

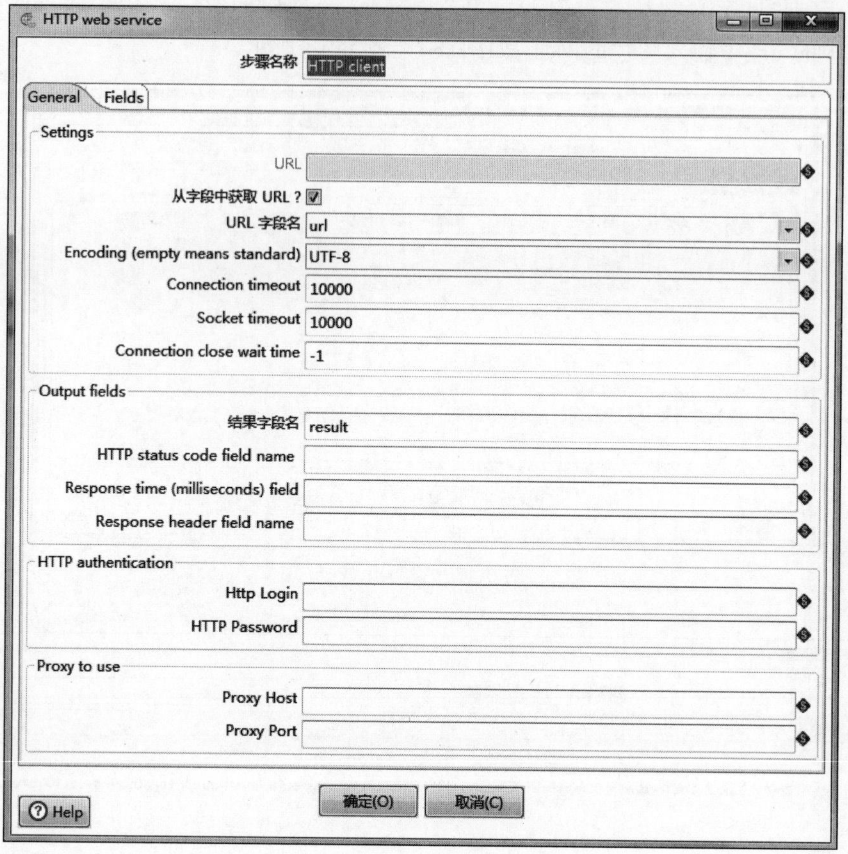

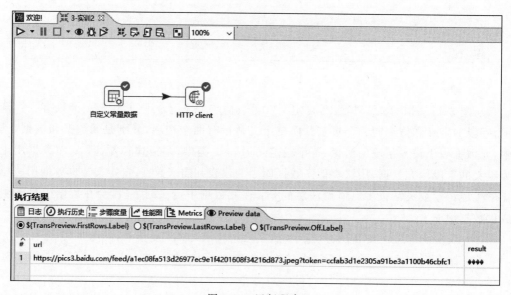

图 3-49　设置 HTTP client

图 3-50　运行程序

往往是将要抽取的图片 URL 地址保存在图片服务器中,然后在图片服务器中打开查看。

习题 3

(1) 什么是数据抽取?

(2) 什么是 Web 数据抽取?

(3) 如何使用 Kettle 进行 Web 数据抽取?

第4章

网络爬虫

本章学习目标

- 了解网络爬虫的概念
- 了解网络爬虫的工作原理
- 了解 urllib 模块的使用
- 了解 Requests 库的使用
- 了解 BeautifulSoup 库的使用
- 掌握 Python 爬取网页的基本方法

本章先介绍网络爬虫的概念,再介绍 Python 中 urllib 模块、Requests 库以及 BeautifulSoup 库的使用方法,最后介绍使用 Python 爬取网页的基本方法。

4.1 网络爬虫基础

1. HTML 概述

网络爬虫的基础是 HTML,因此在学习网络爬虫之前,需要首先了解关于 HTML 的基础知识。

HTML 的英文全称是 Hyper Text Marked Language,即超文本标记语言,它是一种标识性的语言。HTML 包括一系列标签,通过这些标签可以将网络上的文档格式统一,使分散的 Internet 资源连接为一个逻辑整体。

用 HTML 编写的超文本文档称为 HTML 文档,它能独立于各种操作系统平台(如 UNIX、Windows 等)。开发者可以使用 HTML 语言将所需要表达的信息按某种规则写成 HTML 文件,浏览者则可以通过专用的浏览器识别这些 HTML 文件,即现在所见到的网页。

目前人们常用 HTML5 编写网页,一个最简单 HTML 页面代码如下所示。

```
<!DOCTYPE html>
<html lang = "zh">
<head>
<title>这是我的网页</title>
</head>
<body>
<h1>我的第 1 个标题</h1>
<p>我的第 1 个段落。</p>
</body>
</html>
```

在 HTML 页面中通过使用各种标签描述网页。

2. HTTP 与 HTTPS

超文本传输协议(Hyper Text Transfer Protocol,HTTP)是一个基于请求与响应、无状态的、应用层的协议,常基于传输控制协议/网际协议(Transmission Control Protocol/Internet Protocol,TCP/IP)传输数据,是互联网上应用最为广泛的一种网络协议,所有的万维网(World Wide Web,WWW)文件都必须遵守这个标准。设计 HTTP 的初衷是为了提供一种发布和接收 HTML 页面的方法。而 HTTPS 则是一种通过计算机网络进行安全通信的传输协议,经由 HTTP 进行通信,利用安全套接层/传输层安全(Secure Sockets Layer/Transport Layer Security,SSL/TLS)建立全信道,加密数据包。使用 HTTPS 的主要目的是提供对网站服务器的身份认证,同时保护交换数据的隐私与完整性。

HTTP 本身是非常简单的。它规定只能由客户端主动发起请求,服务器接收请求处理后返回响应结果,协议本身不记录客户端的历史请求记录。HTTP 采取的是请求响应模型,该协议永远都是客户端发起请求,服务器回应响应。与此同时,HTTP 是一个无状态的协议,同一个客户端的本次请求和上次请求没有对应的关系。一次 HTTP 操作称为一个事务,其执行过程可分为 4 个步骤。首先,客户端与服务器需要建立连接,如单击某个超链接,HTTP 的工作就开始了;建立连接后,客户端发送一个请求给服务器,请求方的格式为:URL、协议版本号,后边是多功能互联网邮件扩展(Multipurpose Internet Mail Extensions,MIME)信息,包括请求修饰符、客户端信息和可能的内容;服务器接到请求后,给予相应的响应信息,其格式为一个状态行,包括信息的协议版本号、一个成功或错误的代码,后边是 MIME 信息,包括服务器信息、实体信息和可能的内容;客户端接收服务器所返回的信息,通过浏览器将信息显示在用户的显示屏上,然后客户端与服务器断开连接。如果以上过程中的某一步出现错误,那么产生错误的信息将返回到客户端,在输出端显示屏上输出,这些过程都是由 HTTP 来完成的。

不过,随着信息技术的不断发展,现在越来越多的网站和 App 都已经从 HTTP 向 HTTPS 发展。

3. 静态网页与动态网页

静态网页就是人们常见的 HTML 页面,该页面的扩展名为 .html。通常可以将静态网页直接部署到或者是放到某个 Web 容器上,然后在浏览器中通过链接直接访问。静态网页的内容是通过纯粹的 HTML 代码书写,包括一些资源文件,如图片、视频等。此外,静态网页内容的引入都是使用 HTML 标签完成的。它的优点是加载速度快,编写简单,访问的时候对 Web 容器基本上不会产生什么压力。但是缺点也很明显,可维护性比较差,不能根据参数动态显示内容等。而动态网页则不再简单地由 HTML 代码堆砌而成,它通常是由 JSP、PHP 等语言编写的,使用动态网页可以解析 URL 中的参数,或者是关联数据库中的数据,以显示不同的网页内容。人们常常登录的各种电商类网站大都由多个动态网页组成。

4. 网页结构

任意打开一个网页(如 https://www.sohu.com/),在页面上右击,在弹出的快捷菜单中选择"检查"(或直接按 F12 键),即可查看该网页结构的相应代码,如图 4-1 所示。

图 4-1 查看网页结构代码

分析图 4-1,图中包含了 HTML 文件、层叠样式表(Cascading Style Sheets,CSS)文件以及 JavaScript 代码。在网页中,不同类型的文字用不同类型的标签表示,如图片用<img>标签表示,视频用<video>标签表示,段落用<p>标签表示,它们之间的布局又常通过布局标签<div>嵌套组合而成,各种标签通过不同的排列和嵌套才形成了网页的框架。在右侧 Styles 标签页中,显示的就是当前选中的 HTML 代码标签的 CSS 层叠样式,"层叠"是指当在 HTML 中引用了数个样式文件,并且样式发生冲突时,浏览器能依据层叠顺序处理。因此,用户浏览的网页就是浏览器渲染后的结果,浏览器就像翻译官,将 HTML、CSS 和 JavaScript 代码进行翻译得到用户使用的网页界面。

视频讲解

5. 网络爬虫概述

网络爬虫(Web Spider)又称为网络机器人、网络蜘蛛,是一种通过既定规则,能够自动提取网页信息的程序。爬虫的目的在于将目标网页数据下载至本地,以便进行后续的数据分析。爬虫技术的兴起源于海量网络数据的可用性,通过爬虫技术能够较容易地获取网络数据,并通过对数据的分析得出有价值的结论。

网络爬虫在信息搜索和数据挖掘过程中扮演着重要的角色,对爬虫的研究始于 20 世纪,目前爬虫技术已趋于成熟。网络爬虫通过自动提取网页的方式完成下载网页的工作,实现大规模数据的下载,省去诸多人工烦琐的工作。在大数据架构中,数据收集与数据存储占据了极其重要的地位,可以说是大数据的核心基础,而爬虫技术在这两大核心技术层次中占有很大的比例。

6. 网络爬虫工作原理

1) 网页请求和响应的过程

(1) Request(请求)。每个用户打开的网页都必须在最开始由用户向服务器发送访问的请求。一般来讲,一个 HTTP 请求报文由请求行(Request Line)、请求头部(Headers)、空行(Blank Line)和请求数据(Request Body)4 部分组成。

(2) Response(响应)。服务器在接收到用户的请求后,会验证请求的有效性,然后向用户发送相应的内容。客户端接收到服务器的相应内容后,再将此内容展示出来,以供用户浏览。网页请求和响应过程如图 4-2 所示。

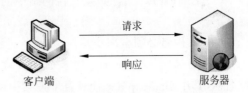

图 4-2 网页请求和响应过程

2) 网页请求的方式

网页请求的方式一般分为两种: GET 和 POST。

GET 是最常见的请求方式,一般用于获取或查询资源信息,也是大多数网站使用的方式。例如,在浏览器中直接输入 URL 并按回车键,就发起了一个 GET 请求,请求的参数会直接包含在 URL 里,请求参数和对应的值附加在 URL 后面。

POST 允许客户端给服务器提供的信息较多。POST 与 GET 相比,多了以表单形式上传参数的功能,因此除了查询信息外,还可以修改信息。

因此,在书写爬虫程序前,要弄清楚向谁发送请求,以及用什么方式发送请求。

3）爬虫工作的基本流程

用户使用爬虫获取网页数据的时候，一般要经过以下几步：

（1）发送请求；

（2）获取响应内容；

（3）解析内容；

（4）保存数据。

具体实现过程如图 4-3 所示。

图 4-3　爬虫工作基本流程

7. robots 协议

1）robots 原理

robots 协议全称为"网络爬虫排除标准"，该协议是互联网中的道德规范，主要用于保护网站中的某些隐私。网站可以通过 robots 告诉搜索引擎哪些页面可以抓取，哪些页面不能抓取。

一般来讲，robots. txt 是一个文本文件，存在于网站的根目录下，当搜索引擎访问网站时，第 1 个要读取的文件就是 robots. txt。值得注意的是，任何网站都可以创建 robots. txt 文件，但是如果某个网站想所有的内容都被搜索引擎爬虫抓取，尽量不要使用 robots. txt。

图 4-4 所示为爬虫对于网站的目录结构的爬取过程。

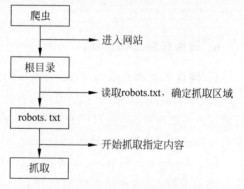

图 4-4　robots 爬取过程

2）robots 语法与书写方式

（1）robots. txt 文件必须放在网站中的根目录下。

（2）文件名必须全部小写。

（3）定义域 User-agent 用来描述搜索引擎名称，其中 Baiduspider 代表百度搜索引擎，Googlebot 代表谷歌搜索引擎。

（4）定义域 Disallow 用来描述不希望被索引的 URL 路径。

（5）定义域 Allow 用来描述可以被索引的 URL 路径。

其中，User-agent、Disallow 以及 Allow 是 robots 语法中的主要部分。

4.2　Python3 网络爬虫实现

4.2.1　urllib 模块

urllib 是 Python3 自带的一个 HTTP 请求库。凭借其拥有强大的函数库以及部分函数对获取网站源码的针对性,Python 成为能够胜任网络数据爬取的计算机语言。使用 Python 编写爬虫代码,要解决的第 1 个问题是 Python 如何访问互联网。为此,Python 专门准备了 urllib 模块。urllib 是 URL 和 lib 两个单词共同构成的,URL 就是网页的地址,lib 是 library(库)的缩写。

URL 的一般格式为(带[ ]的为可选项):protocol://hostname[port]/path/[;parameters][? query]♯fragment。URL 由以下 3 部分组成。

(1) 协议。常见的有 HTTP、HTTPS、FTP、FILE(访问本地文件夹)、ED2K(电驴的专用链接)等。

(2) 存放资源的服务器的域名系统(Domain Name System,DNS)主机名或 IP 地址(有时候要包含端口号,各种传输协议都有默认的端口号,如 HTTP 的默认端口为 80)。

(3) 主机资源的具体地址,如目录和文件名等。

第(1)部分和第(2)部分用":∥"符号隔开;第(2)部分和第(3)部分用"/"符号隔开;第(1)部分和第(2)部分是不可缺少的,第(3)部分有时可以省略。

严格地讲,urllib 并不是一个模块,它其实是一个包(Package),其中共有 4 个模块。因此,它包含了对服务器请求的发出、跳转、代理和安全等各个方面的内容。表 4-1 列出了 urllib 包含的 4 个基本模块。

表 4-1 urllib 包含的 4 个基本模块

模 块 名 称	模 块 功 能
urllib. request	请求模块,用于发送请求
urllib. parse	解析模块,用于解析 URL
urllib. error	异常处理模块,用于处理 request 引起的异常
urllib. robotparse	用于解析 robots. txt 文件

【例 4-1】 使用 urllib 访问目标网页。

在 urllib 模块中可以使用 urllib. request. urlopen()函数访问网页,urllib. request. urlopen()函数格式如下。

```
urllib. request. urlopen ( url, data = None, [timeout,] * , cafile = None, capath = None,
cadefault = False, context = None)
```

参数及其含义如表 4-2 所示。

表 4-2 urllib. request. urlopen()函数参数及其含义

参 数	含 义
url	用于打开的网址
data	指明发往服务器请求中的额外的参数信息,默认为 None,此时以 GET 方式发送请求;当用户给出 data 参数时,改为以 POST 方式发送请求
timeout	设置网站的访问超时时间
cafile,capath,cadefault	用于实现可信任的 CA 证书的 HTTP 请求
context	实现 SSL 加密传输

其中,urlopen()是一个简单发送网络请求的方法。它接收一个字符串格式的 URL,并向传入的 URL 发送网络请求,然后返回结果。

具体实现过程如图 4-5 所示。

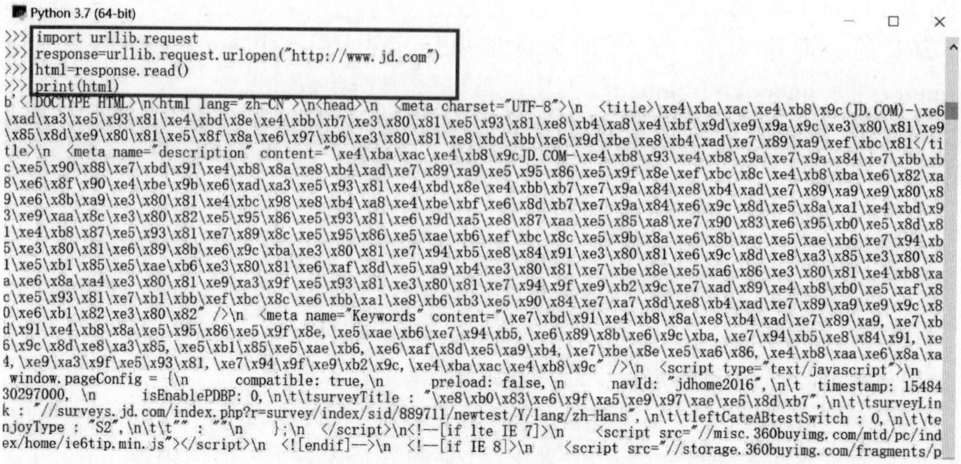

图 4-5　通过 urllib 访问网页示意图

这与在浏览器上使用"检查"功能看到的内容是不一样的,因为其实 Python 爬取的内容是以 UTF-8 编码的 bytes 对象,要还原为带中文的 HTML 代码,需要对其进行解码,将其变成 Unicode 编码,如图 4-6 所示。

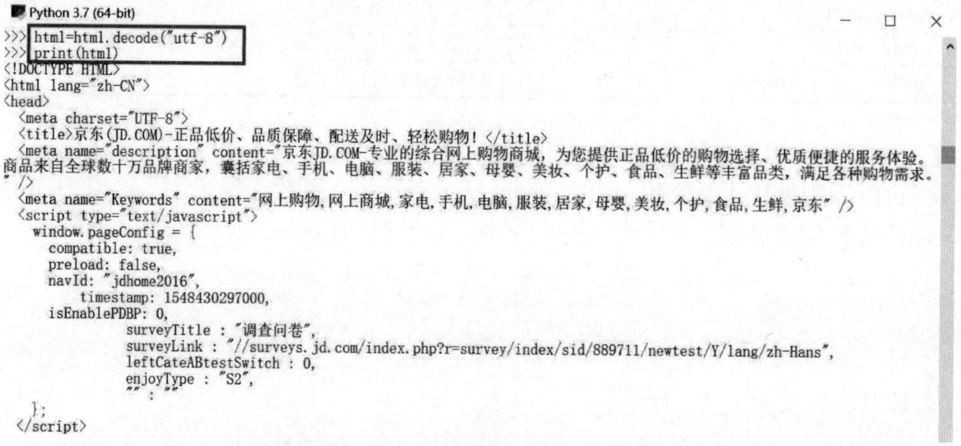

图 4-6　将 UTF-8 编码转换为 Unicode 编码示意图

【例 4-2】 使用 urllib 访问目标网页,并获取响应。

视频讲解

```python
import urllib.request
response = urllib.request.urlopen('https://www.python.org')
print(response.status)
print(response.getheaders())
print(response.getheader('Server'))
```

该例还是使用 urlopen()方法发起请求,只是参数变成了 Request 类型的对象。其中 getcode 表示获取当前的网页的状态码、200 表示网页正常;403 表示不正常;404 表示失败等。geturl 表示获取当前的网页的网址,getheaders 表示返回一个包含有服务器响应一个 HTTP 请求所发送的标头。

urllib 库中的类或方法,在发送网络请求后,都会返回一个 urllib.response 的对象,它包含了请求回来的数据结果。

在 response 中主要包含 read()、readline()、etheader(name)、getheaders()、fileno() 等方法,以及 msg、version、status、reason、debuglevel、closed 等属性。例如,可以通过 print(response.version)语句获取 HTTP 协议版本号;通过 print(response.status)语句获取响应码;通过 print(response.info())语句获取响应头信息等。

运行该例,如图 4-7 所示。

```
== RESTART: D:\Users\xxx\AppData\Local\Programs\Python\Python37\爬虫\url-1.py ==
200
[('Connection', 'close'), ('Content-Length', '49014'), ('Server', 'nginx'), ('Co
ntent-Type', 'text/html; charset=utf-8'), ('X-Frame-Options', 'DENY'), ('Via',
'1.1 vegur'), ('Via', '1.1 varnish'), ('Accept-Ranges', 'bytes'), ('Date', 'Fri,
01 May 2020 13:31:44 GMT'), ('Via', '1.1 varnish'), ('Age', '3343'), ('X-Served-
By', 'cache-bwi5144-BWI, cache-tyo19951-TYO'), ('X-Cache', 'HIT, HIT'), ('X-Cach
e-Hits', '2, 4699'), ('X-Timer', 'S1588339905.546693,VS0,VE0'), ('Vary', 'Cookie
'), ('Strict-Transport-Security', 'max-age=63072000; includeSubDomains')]
nginx
>>> |
```

图 4-7 使用 urllib 访问目标网页,并获取响应

【例 4-3】 使用 urllib 访问目标网页,并输出网页内容。

```
import urllib.request
response = urllib.request.urlopen('https://www.python.org')
print(response.read().decode('utf-8'))
```

该例使用 response.read()方法输出网页的源代码,如图 4-8 所示。

```
== RESTART: D:\Users\xxx\AppData\Local\Programs\Python\Python37\爬虫\url-2.py ==
<!doctype html>
<!--[if lt IE 7]>    <html class="no-js ie6 lt-ie7 lt-ie8 lt-ie9">   <![endif]-->
<!--[if IE 7]>       <html class="no-js ie7 lt-ie8 lt-ie9">          <![endif]-->
<!--[if IE 8]>       <html class="no-js ie8 lt-ie9">                 <![endif]-->
<!--[if gt IE 8]><!--><html class="no-js" lang="en" dir="ltr">  <!--<![endif]-->

<head>
    <meta charset="utf-8">
    <meta http-equiv="X-UA-Compatible" content="IE=edge">

    <link rel="prefetch" href="//ajax.googleapis.com/ajax/libs/jquery/1.8.2/jque
ry.min.js">

    <meta name="application-name" content="Python.org">
    <meta name="msapplication-tooltip" content="The official home of the Python
Programming Language">
    <meta name="apple-mobile-web-app-title" content="Python.org">
    <meta name="apple-mobile-web-app-capable" content="yes">
    <meta name="apple-mobile-web-app-status-bar-style" content="black">

    <meta name="viewport" content="width=device-width, initial-scale=1.0">
    <meta name="HandheldFriendly" content="True">
    <meta name="format-detection" content="telephone=no">
    <meta http-equiv="cleartype" content="on">
    <meta http-equiv="imagetoolbar" content="false">

<script src="/static/js/libs/modernizr.js"></script>

<link href="/static/stylesheets/style.30afed881237.css" rel="stylesheet" typ
```

图 4-8 使用 urllib 访问目标网页,并输出源代码

4.2.2 Requests 库

Requests 是用 Python 语言编写的,基于 urllib 的,采用 Apache2 Licensed 开源协议的 HTTP 库。它比 urllib 更加方便,可以节约开发者大量的工作,完全满足 HTTP 测试需求。Requests 库实现了 HTTP 中绝大部分功能,它提供的功能包括 Keep-Alive、连接池、Cookie 持久化、内容自动解压、HTTP 代理、SSL 认证、连接超时、Session 等,更重要的是它同时兼容 Python2 和 Python3。

值得注意的是,相比于 urllib 库,Requests 库非常简洁。Requests 库中的常见方法如表 4-3 所示。

表 4-3　Requests 库中的常见方法

方　　法	说　　明
requests.request()	构造一个请求,支撑以下各方法的基础方法
requests.get()	获取 HTML 网页的主要方法,对应 HTTP 的 GET
requests.head()	获取 HTML 网页头信息的方法,对应 HTTP 的 HEAD
requests.post()	向 HTML 网页提交 POST 请求方法,对应 HTTP 的 POST
requests.put()	向 HTML 网页提交 PUT 请求的方法,对应 HTTP 的 PUT
requests.patch()	向 HTML 网页提交局部修改请求,对应于 HTTP 的 PATCH
requests.delete()	向 HTML 页面提交删除请求,对应 HTTP 的 DELETE

1. Requests 库的安装

Requests 库的安装十分简单,一般可在 Windows 命令行中输入 pip install requests,完成下载安装。

安装完成后,在 Python 环境中即可导入该模块,如果不报错,则表示安装成功。导入模块命令为 import requests,如图 4-9 所示。

图 4-9　成功安装 Requests 库

2．Requests 库的使用实例

【例 4-4】 使用 GET 方式抓取网页数据。

```
import requests
url = "http://www.163.com"
strhtml = requests.get(url)
print(strhtml.text)
```

语句含义如下。

import requests：导入 requests 库；

url＝"http：//www.163.com "：访问目标网页；

strhtml＝requests.get(url)：将获取的数据保存到 strhtml 变量中；

print(strhtml.text)：打印网页源码。

运行该例，如图 4-10 所示。

```
=== RESTART: D:/Users/xxx/AppData/Local/Programs/Python/Python37/爬虫/4-4.py ===
 <!DOCTYPE HTML>
<!--[if IE 6 ]> <html class="ne_ua_ie6 ne_ua_ielte8" id="ne_wrap"> <![endif]-->
<!--[if IE 7 ]> <html class="ne_ua_ie7 ne_ua_ielte8" id="ne_wrap"> <![endif]-->
<!--[if IE 8 ]> <html class="ne_ua_ie8 ne_ua_ielte8" id="ne_wrap"> <![endif]-->
<!--[if IE 9 ]> <html class="ne_ua_ie9" id="ne_wrap"> <![endif]-->
<!--[if (gte IE 10)|!(IE)]><!--> <html phone="1" id="ne_wrap"> <!--<![endif]-->
<head>
<meta http-equiv="Content-Type" content="text/html; charset=gbk">
<meta name="google-site-verification" content="PXunD38D6Oui1T44O kAPSLyQtFUloFi5p
lez04OmUOc" />
<meta name="baidu-site-verification" content="oiT8OEfzes" />
<meta name="360-site-verification" content="527ad00f66a93c31134d6a20b2246950" />
<meta name="shenma-site-verification" content="12c2d7067c72735f0bd75c8dcd26b0d8_
1509937417"/>
<meta name="sogou_site_verification" content="tCLG1xJc76"/>
<meta name="model_url" content="http://www.163.com/special/0077rt/index.html" />
<title>网易</title>
<link rel="dns-prefetch" href="//static.ws.126.net" />
<base target="_blank">
<meta name="Keywords" content="网易,邮箱,游戏,新闻,体育,娱乐,女性,亚运,论坛,短信
,数码,汽车,手机,财经,科技,相册" />
<meta name="Description" content="网易是中国领先的互联网技术公司,为用户提供免费
邮箱、游戏、搜索引擎服务,开设新闻、娱乐、体育等30多个内容频道,及博客、视频、论
坛等互动交流,网聚人的力量。" />
<meta name="robots" content="index, follow" />
<meta name="googlebot" content="index, follow" />
<link rel="apple-touch-icon-precomposed" href="//static.ws.126.net/www/logo/logo
-ipad-icon.png" />
```

图 4-10　使用 GET 方式抓取网页数据

此外，也可以将 URL 直接写入 get()方法进行读取。

【例 4-5】 使用 GET 方式直接读取网页数据。

```
import requests
r = requests.get('http://www.163.com')
print(r.text)
```

该例的运行结果和例 4-4 是一样的。

【例 4-6】 使用 GET 方式读取网页数据，并设置超时反应。

```
import requests
r = requests.get("https://www.163.com/", timeout = 1)
print(r.status_code)
```

该例使用 timeout 参数设置响应时间，timeout 并不是整个下载响应的时间限制，而是如果服务器在 timeout 秒内没有应答，将会引发一个异常。运行该例，如图 4-11 所示。

```
=== RESTART: D:/Users/xxx/AppData/Local/Programs/Python/Python37/爬虫/4-6.py ===
200
>>> |
```

图 4-11　使用 GET 方式抓取网页数据，并设置超时反应

视频讲解

【例 4-7】　使用 Requests 库抓取网页图片。

```python
import requests
r3 = requests.get("https://www.baidu.com/img/superlogo_c4d7df0a003d3db9b65e9ef0fe6da1ec.png")
with open('baidu_logo.png', 'wb') as f:
    f.write(r3.content)
```

该例抓取了网页中的图片，图片地址为 https://www. baidu. com/img/superlogo_c4d7df0a003d3db9b65e9ef0fe6da1ec. png。

运行该例，可看到在文件路径下保存了名为 baidu_logo 的图片，如图 4-12 所示。

图 4-12　抓取网页图片并保存

4.2.3　BeautifulSoup 库

HTML 文档本身是结构化的文本，有一定的规则，通过它的结构可以简化信息提取。于是，就有了像 lxml、PyQuery、BeautifulSoup 等之类的网页信息提取库。其中，BeautifulSoup 库提供一些简单的、Python 式的函数，用于处理导航、搜索、修改分析树等功能。它是一个工具箱，通过解析文档为用户提供需要抓取的数据，因为简单，所以不需要多少代码就可以写出一个完整的应用程序。目前，BeautifulSoup 已成为和 lxml、html5lib 一样出色的 Python 解释器（库），并为用户灵活地提供不同的解析策略或强劲的速度。

BeautifulSoup 库将复杂的 HTML 文档转换为一个树状结构来读取，树状结构中的每个节点都是 Python 对象，并且所有对象都可以归纳为 Tag、NavigableString、BeautifulSoup 以及 Comment 中的一种。每种对象的含义如表 4-4 所示。

表 4-4　BeautifulSoup 对象的含义

对　象	含　义
Tag	表示 HTML 中的一个标签
NavigableString	表示获取标签内部的文字
BeautifulSoup	表示一个文档的全部内容
Comment	表示一个特殊类型的 NavigableString 对象

要使用 BeautifulSoup 库，首先需要在 Python3 中安装，可以直接在 cmd 下用 pip 命令进行安装，如下所示。

```
pip install beautifulsoup4
```

值得注意的是,安装的包名为 beautifulsoup4。安装完成后,可以通过导入该库判断是否安装成功,如图 4-13 所示。

```
>>> from bs4 import BeautifulSoup
>>>
```

图 4-13 安装并导入 BeautifulSoup

BeautifulSoup 支持的解析器如表 4-5 所示。

表 4-5 BeautifulSoup 支持的解析器

解 析 器	使 用 方 法
Python 标准库	BeautifulSoup(markup,"html. parser")
lxml HTML 解析器	BeautifulSoup(markup,"lxml")
lxml XML 解析器	BeautifulSoup(markup,"xml")
html5lib	BeautifulSoup(markup,"html5lib")

在 Python3 中,BeautifulSoup 库的导入语句如下。

```
from bs4 import BeautifulSoup
```

【例 4-8】 使用 BeautifulSoup 获取网页信息。

准备一个网页,命名为 4-1. html,内容如下。

```
<!DOCTYPE html>
<html lang = "zh">
<head>
<title>这是我的网页</title>
</head>
<body>
<h1>我的第 1 个标题</h1>
<p>我的第 1 个段落。</p>
</body>
</html>
```

视频讲解

在 Python3 中导入 BeautifulSoup 库获取该网页信息,代码如下。

```
from bs4 import BeautifulSoup
file = open('4 - 1.html', 'rb')
html = file.read()
  bs = BeautifulSoup(html,"html.parser")        # 缩进格式
  print(bs.prettify())                          # 格式化 HTML 结构
```

```
    print(bs.title)                    # 获取 title
    print(bs.title.name)               # 获取 title 标签的 name 属性
    print(bs.title.string)             # 获取 title 标签的所有内容
print(bs.head)
```

该例使用 BeautifulSoup 获取 4-1. html 网页的相关信息,如网页结构、网页 title 标签的名称、网页 head 标签的所有内容等。运行该程序,如图 4-14 所示。

```
== RESTART: D:/Users/xxx/AppData/Local/Programs/Python/Python37/爬虫/4-8-1.py ==
<!DOCTYPE html>
<html lang="zh">
 <head>
  <title>
   这是我的网页
  </title>
 </head>
 <body>
  <h1>
   我的第 1 个标题
  </h1>
  <p>
   我的第 1 个段落。
  </p>
 </body>
</html>

<title>这是我的网页</title>
title
这是我的网页
<head>
<title>这是我的网页</title>
</head>
>>>
```

图 4-14   使用 BeautifulSoup 获取网页信息

视频讲解

【例 4-9】 使用 BeautifulSoup 获取网页中的超链接信息。

准备 4-2. html 网页,内容如下。

```
<!DOCTYPE html>
<html lang = "zh">
<head>
<title>这是我的网页</title>
</head>
<body>
<h1>我的第 1 个标题</h1>
<p>我的第 1 个段落。</p>
<a class = "mnav" href = "http://news.baidu.com" name = "tj_trnews">新闻</a>
</body>
</html>
```

在 Python3 中导入 BeautifulSoup 库获取该网页的超链接信息,代码如下。

```
from bs4 import BeautifulSoup
file = open('4 - 2.html', 'rb')
html = file.read()
bs = BeautifulSoup(html,"html.parser")
print(bs.a.attrs)
```

该例使用 print(bs. a. attrs)语句输出超链接标签<a>的所有属性,运行该程序,如图 4-15 所示。

```
=== RESTART: D:/Users/xxx/AppData/Local/Programs/Python/Python37/爬虫/4-9.py ===
{'class': ['mnav'], 'href': 'http://news.baidu.com', 'name': 'tj_trnews'}
>>> |
```

图 4-15　使用 BeautifulSoup 获取网页中的超链接信息

4.3　Python3 网络爬虫实例

4.3.1　urllib 实例

【例 4-10】　使用 urllib 访问百度翻译并输出翻译的结果。

```python
import json
importurllib. request
importurllib. parse
# 要请求的接口
url = https://fanyi. baidu. com/sug/
'''
如果没有请求头 headers,会被反扒. 因为某些网站反感爬虫的到访,于是对爬虫一律拒绝请求.这
时候我们需要伪装成浏览器,可以通过修改 HTTP 包中的 header 实现
'''
headers = {
    "User - Agent": "Mozilla/5.0 (Windows NT 10.0; Win64; x64; rv:62.0) Gecko/20100101
Firefox/62.0",
}
# post 请求的表单数据,对 wonder 进行翻译
formData = {
    "kw": "wonder",
}
request = urllib. request. Request(url, headers = headers)
# 把字符串变成二进制并传入表单数据中
response = urllib. request. urlopen(request, urllib. parse. urlencode(formData). encode())
# 用中文显示字符
responseData = json. loads(response. read(). decode("unicode_escape"))
showDatas = responseData. get("data")[0]. get("v")
print(showDatas)
```

运行该例,如图 4-16 所示。

```
== RESTART: D:/Users/xxx/AppData/Local/Programs/Python/Python37/爬虫/例4-10.py =
=
v. 想知道; 想弄明白; 琢磨; 礼貌地提问或请人做事时说; 感到诧异; 非常惊讶; n. 惊讶
>>> |
```

图 4-16　使用 urllib 访问百度翻译并输出翻译的结果

4.3.2 requests 实例

【例 4-11】 使用 requests 爬取猫眼电影网页面内容。

```python
import requests
from requests.exceptions import RequestException
headers = {'user-agent':'mozilla/5.0'}
def get_one_page(url):
    try:
        response = requests.get(url, headers=headers)
        if response.status_code == 200:
            return response.text
        return None
    except RequestException:
        return None
def main():
    url = 'https://maoyan.com/board/4'
    html = get_one_page(url)
    print(html)
if __name__ == '__main__':
    main()
```

运行该例,如图 4-17 所示。

```
= RESTART: D:\Users\xxx\AppData\Local\Programs\Python\Python37\爬虫\爬虫爬取电影
网.py =
<!DOCTYPE html>
<html><head>    <meta charset="utf-8">
    <meta content="width=device-width, initial-scale=1.0, maximum-scale=1.0, use
r-scalable=no" name="viewport" />
    <meta name="renderer" content="webkit" />
    <meta http-equiv="X-UA-Compatible" content="IE=edge" />
    <style>
        .container {
            width: 998px;
            margin: 0 auto;
        }
        .header {
            height: 70px;
            font-size: 28px;
            color: #999999;
            border-bottom: 3px solid #1db9aa;
            overflow: hidden;
            display: none;
        }
        .logo {
            margin-top: 8px;
            margin-left: 1px;
            height: 54px;
            line-height: 54px;
            padding-left: 102px;
            background: url('data:image/png;base64,iVBORw0KGgoAAAANSUhEUgAAAKQAA
ABsCAYAAADkDhmYAAAAGXRFWHRTb2Z0d2FyZQBBZG9iZSBJbWFnZVJlYWR5ccllPAAAAyNpVFh0WE1MO
mNvbS5hZG9iZS54bXAAAAAAADw/eHBhY2tldCBiZWdpbj0i77u/IiBpZD0iVzVNMElwQ2VoaUh6cmVTe
k5UY3prIj8+IDx4OnhtcG1ldGEgeG1sbnM6eD0iYWRvYmU6bnM6bWV0YS8iIHg6eG1wdGs9IkFkb2JlI
FhNUCBDb3JlIDUuMS4yLWMwMDMgNDEuMTE1ODMwLCAyMDE1LzA5LzEwLTAxOjEwOjIwICAgICAgICI+I
j4gPHJkZjpSREYgeG1sbnM6cmRmPSJodHRwOi8vd3d3LnczLm9yZy8xOTk5LzAyLzIyLXJkZi1zeW50Y
XgtbnMjIj4gPHJkZjpEZXNjcmlwdGlvbiByZGY6YWJvdXQ9IiIgeG1sbnM6eG1wPSJodHRwOi8vbnMuY
```

图 4-17 使用 requests 爬取猫眼电影网页面内容

4.4 本章小结

(1) 网络爬虫(Web Spider)又称为网络机器人、网络蜘蛛,是一种通过既定规则,能够自动提取网页信息的程序。

（2）每个用户打开的网页都必须在最开始由用户向服务器发送访问的请求（Request）。服务器在接收到用户的请求后，会验证请求的有效性，然后向用户发送响应（Response）的内容。

（3）urllib是Python3自带的一个HTTP请求库，urllib是由URL和lib两个单词共同构成的，URL就是网页的地址，lib是library(库)的缩写。

（4）Requests是用Python语言编写的，基于urllib的，采用Apache2 Licensed开源协议的HTTP库。它比urllib更加方便，可以节约开发者大量的工作，完全满足HTTP测试需求。

（5）BeautifulSoup库提供一些简单的、Python式的函数，用于处理导航、搜索、修改分析树等功能。它是一个工具箱，通过解析文档为用户提供需要抓取的数据。

4.5 实训

1. 实训目的

通过本章实训，了解网络爬虫的特点，能进行简单的与网络爬虫有关的操作。

2. 实训内容

（1）使用Python爬取天涯论坛，代码如下。

```
from bs4 import BeautifulSoup
import urllib
'''
设定获取两个版块
每个版块获取两个帖子
每个帖子最多获取两页
每页最多输出两条信息
每条信息如果超过30个字符，保留前后各10个字符，中间加省略号
'''
# 需要解析的目标地址
url = 'http://bbs.tianya.cn/'
# 输出获取网站地址
print('正在获取网站:%s'%url)
# 访问目标地址
response = urllib.request.urlopen(url)
# 将目标网址访问后得到的文档传入BeautifulSoup
soup = BeautifulSoup(response.read(), 'html5lib')
# 获取版块地址的列表
block_list = [urllib.parse.urljoin(url, i['href']) for i in soup.find_all('a', class_=
'child_link')]
# 设置版块计数器
```

```
block_count = 0
# 对每个版块进行操作
for block_url in block_list:
    # 累加版块计数器
    block_count += 1
    # 输出当前为第几个版块
    # print('当前为第%s个版块'%block_count)
    # 解析目标地址
    block_response = urllib.request.urlopen(block_url)
    block_soup = BeautifulSoup(block_response.read(), 'html5lib')

    # 获取帖子地址的列表
    post_list = [urllib.parse.urljoin(url, i.find('a')['href']) for i in block_soup.find_
all('td', class_ = 'td - title faceblue')]
    # 设置帖子计数器
    post_count = 0
    # 对每个帖子进行操作
    for post_url in post_list:
        # 累加帖子计数器
        post_count += 1
        # 输出当前为第几个版块第几个帖子
        # print('当前为第%s个版块第%s个帖子'%(block_count, post_count))
        # 设置翻页计数器
        page_count = 0
        while True:
            # 累加翻页计数器
            page_count += 1
            # 输出当前为第几个版块第几个帖子第几页
            print('当前为第%s个版块第%s个帖子第%s页'%(block_count, post_count,
page_count))
            # 解析目标地址
            post_response = urllib.request.urlopen(post_url)
            post_soup = BeautifulSoup(post_response.read(), 'html5lib')
            # 标题
            title = post_soup.find('h1').get_text().strip()
            # 发布者列表
            posters_list = [i.get_text() for i in post_soup.find_all('a', class_ = 'js -
vip - check')]
            # 发布内容列表
            content_list = [i.get_text().strip().replace('\u3000', '') for i in post_
soup.find_all('div', class_ = 'bbs - content')]
            # 输出当前帖子的标题
            print('帖子的标题是: %s'%title)
            # 输出当前帖子的内容及发布者,不超过两条
            for i in range(len(posters_list)):
```

```
                print('发言人: %s' % posters_list[i])
                if len(content_list[i]) <= 30:
                    print('发言内容: %s' % content_list[i])
                else:
                    print('发言内容: %s……%s' % (content_list[i][0:10], content_
list[i][-10:]))
                # 因为 i 从 0 开始,所以到 1 就跳出循环
                if i == 1:
                    break
            # 找到下一页按钮所在
            flag = post_soup.find('a', class_ = 'js-keyboard-next')
            # 如果下一页不具有超链接则循环结束
            if flag is None:
                break
            # 更新下一页的链接地址
            post_url = urllib.parse.urljoin(url, flag['href'])
            # 当采集了两页时中断循环
            if page_count == 2:
                break
        # 当采集了两个帖子时中断循环
        if post_count == 2:
            break
    # 当采集了两个版块时中断循环
    if block_count == 2:
        break
print('本案例爬虫演示代码执行完毕')
```

运行结果如图 4-18 所示。

```
== RESTART: D:\Users\xxx\AppData\Local\Programs\Python\Python37\爬虫\爬取天涯.py
==
正在获取网站:http://bbs.tianya.cn/
当前为第1个版块第1个帖子第1页
帖子的标题是: 记录自己摆摊的日子 山东杂粮煎饼 鸡蛋汉堡
发言人: kvnc402
发言内容:文笔不好,想到什么写……棚子,加个操作台面。
发言人:窗外的宁静
发言内容:挺好
当前为第1个版块第1个帖子第2页
帖子的标题是: 记录自己摆摊的日子 山东杂粮煎饼 鸡蛋汉堡
发言人: kvnc402
发言内容:早上收摊回来,收拾了……,打了几小勺子给她。
发言人: kvnc402
发言内容:加油,机会留给努力勤奋的人!
当前为第1个版块第2个帖子第1页
帖子的标题是: 在四线城市,一家四口人,一个月生活支出1500元,算不算中等水平。
发言人:五百个春天
发言内容:上个月我家的所有生活……二百,现金支出一百。
发言人: ty_115614820
发言内容:只谈质量别谈水平
当前为第1个版块第2个帖子第2页
帖子的标题是: 在四线城市,一家四口人,一个月生活支出1500元,算不算中等水平。
发言人:五百个春天
发言内容:发现物价没涨,反而降……菜很便宜,米很便宜。
发言人:五百个春天
发言内容:房价到是没掉,还微涨……均价估计一万左右吧。
当前为第2个版块第1个帖子第1页
帖子的标题是: 我孩子的大学
发言人:程昉2018
发言内容:2020.4.17距……的,他就没有坐下听。
```

图 4-18 使用 Python 爬取天涯论坛

（2）使用爬虫爬取网易云音乐，代码如下。

```python
from bs4 import BeautifulSoup
import requests
import time

headers = {
    'User - Agent': 'Mozilla/5.0 (Windows NT 6.1; WOW64) AppleWebKit/537.36 (KHTML, like
Gecko) Chrome/63.0.3239.132 Safari/537.36'
}

for i in range(0, 250, 35):
    print(i)
    time.sleep(2)
    url = 'https://music.163.com/discover/playlist/? cat = 欧美 &order = hot&limit =
35&offset = ' + str(i)
    response = requests.get(url = url, headers = headers)
    html = response.text
    soup = BeautifulSoup(html, 'html.parser')
    # 获取包含歌单详情页网址的标签
    ids = soup.select('.dec a')
    # 获取包含歌单索引页信息的标签
    lis = soup.select('#m - pl - container li')
    print(len(lis))
    for j in range(len(lis)):
        # 获取歌单详情页地址
        url = ids[j]['href']
        # 获取歌单标题,替换英文分隔符
        title = ids[j]['title'].replace(',', ',')
        # 获取歌单播放量
        play = lis[j].select('.nb')[0].get_text()
        # 获取歌单贡献者名字
        user = lis[j].select('p')[1].select('a')[0].get_text()
        # 输出歌单索引页信息
        print(url, title, play, user)
        # 将信息写入 CSV 文件中
        with open('playlist.csv', 'a + ', encoding = 'utf - 8 - sig') as f:
            f.write(url + ',' + title + ',' + play + ',' + user + '\n')
```

运行结果如图 4-19 所示。

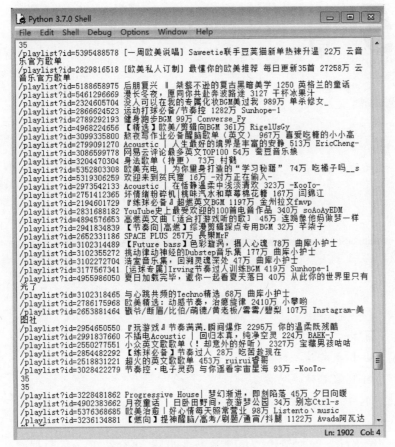

图 4-19　使用爬出爬取网易云音乐

习题 4

（1）什么是网络爬虫？

（2）如何使用 urllib 爬取网页内容？

（3）如何使用 requests 爬取网页内容？

（4）如何使用 BeautifulSoup 爬取网页内容？

第 5 章

Kettle数据清洗

本章学习目标
- 了解 Kettle 数据清洗的概念
- 掌握 Kettle 数据清洗的方法
- 能使用 Kettle 进行数据清洗

本章先介绍 Kettle 数据清洗的概念和基本步骤,再介绍 Kettle 数据清洗的常用方法,最后介绍 Kettle 数据清洗的实例。

视频讲解

5.1 Kettle 数据清洗概述

1. Kettle 数据清洗介绍

使用 Kettle 可以完成数据仓库中的数据清洗与数据转换工作,常见的操作有数据值的修改与映射、数据排序、重复数据的清洗、超出范围的数据清洗、日志的写入、JavaScript 代码数据清洗、正则表达式数据清洗、数据值的过滤以及随机值的运算等。

在 Kettle 中进行数据清洗的时候基本上没有单一的清洗步骤,很多时候数据清洗工作需要结合多个步骤来完成。例如,数据清洗可以从数据抽取时就开始执行,并在多个步骤中通过设定清洗内容完成操作。

2. Kettle 数据清洗基本步骤

如图 5-1 所示,Kettle 在"转换"列表中提供了多种数据清洗步骤,在这里对其中使用频率较高的步骤进行简单的介绍。

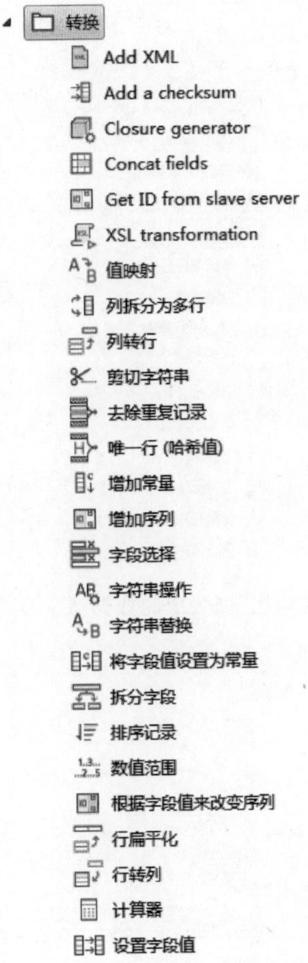

（1）计算器：对一个或多个字段进行计算，该步骤提供了很多预定义的函数用于处理输入字段，并且随着版本的更新还在不断增多。

（2）字符串替换：可以理解为对字符串进行查找和替换，该步骤看上去很简单，不过它支持正则表达式，从而可以实现很多复杂的功能。

（3）字符串操作：提供了很多常规的字符串操作，如大小写转换、字符填充、移除空白字符等。

（4）值映射：使用一个标准的值替换字段中的其他值。

（5）字段选择：对字段进行选择、删除、重命名等操作，还可以更改字段的数据类型以及长度等元数据。

（6）去除重复记录：主要通过指定字段去除重复记录，但是一般需要结合其他步骤共同实现其功能。

（7）增加常量：用于增加 x 个字段，每个字段的值都是常量（这里的 x 是一个大于或等于 0 的自然数）。

（8）排序记录：对指定的字段进行排序（升序或降序）。

（9）拆分字段：把字段按照分隔符拆成两个或多个字段。

图 5-1　Kettle 中的清洗步骤

（10）列拆分为多行：把包含指定的分隔符的字段拆分为多行。

（11）将字段值设置为常量：用常量值代替原值，此时无论原值有多少行，该行的所有值都会被一个值所替换。

（12）增加序列：一个序列是在某个起始值和增量的基础之上，经常改变的整数值。可以使用数据库定义好的序列，也可以使用 Kettle 决定的序列。

（13）剪切字符串：对字符串进行剪切。

此外，"应用"列表中的"写日志"步骤、"流程"列表中的"过滤记录"和"识别流的最后一行"步骤、"脚本"列表中的"正则表达式""公式"和"Java 代码"步骤、"查询"列表中的"检查文件是否存在"和"模糊匹配"步骤、"检验"列表中的"数据检验"步骤、"统计"列表中的"分析查询""分组"和"单变量统计"步骤也可以进行数据清洗，如图 5-2～图 5-7 所示。

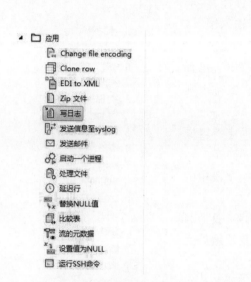

图 5-2 "应用"列表中的数据清洗步骤

图 5-3 "流程"列表中的数据清洗步骤

图 5-4 "脚本"列表中的数据清洗步骤

图 5-5 "查询"列表中的数据清洗步骤

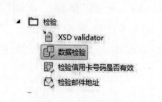

图 5-6 "检验"列表中的数据清洗步骤

图 5-7 "统计"列表中的数据清洗步骤

5.2 Kettle 数据清洗实现

5.2.1 清洗简单数据

1. Kettle 数据清洗介绍

【例 5-1】 值映射。

（1）启动 Kettle 后，新建转换，在"输入"列表中选择"生成记录"步骤，在"转换"列表中选择"值映射"步骤，拖动到右侧工作区中，其中"值映射"步骤拖动两次，并建立彼此之间的节点连接关系，如图 5-8 所示。

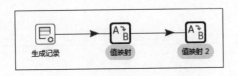

图 5-8　Kettle 值映射工作流程

（2）双击"生成记录"图标，在"限制"输入框中输入值为 1000，并设置字段内容，生成需要的内容，如图 5-9 所示。

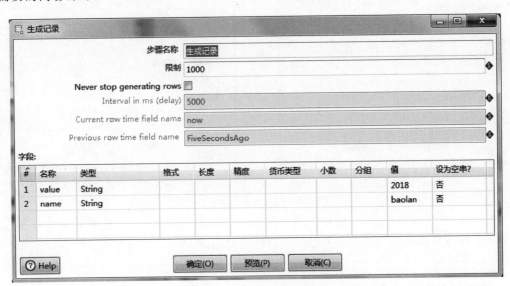

图 5-9　设置生成记录

（3）单击"预览"按钮，可查看生成记录，如图 5-10 所示。

（4）双击"值映射"图标，在"使用的字段名"下拉列表中选择 name，并设置字段值内容，从而生成需要的内容，如图 5-11 所示。

（5）双击"值映射 2"图标，在"使用的字段名"下拉列表中选择 value，并设置字段值内容，从而生成需要的内容，如图 5-12 所示。

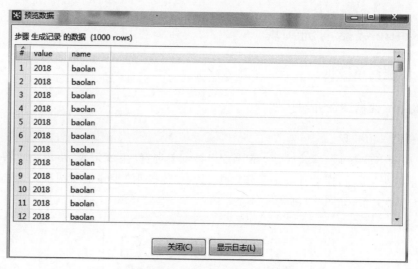

图 5-10　预览生成记录

图 5-11　设置值映射

图 5-12　设置值映射 2

（6）保存该转换并运行，在执行结果区域的 Metrics 选项卡中可查看数据清洗的过程，在 Preview data 选项卡中查看已经清洗好的数据，如图 5-13 和图 5-14 所示。

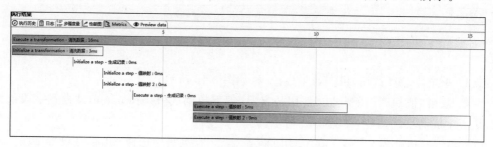

图 5-13　查看数据清洗过程

图 5-14　查看清洗好的数据

【例 5-2】　使用 Kettle 实现数据排序。

（1）启动 Kettle 后，新建转换，在"输入"列表中选择"Excel 输入"步骤，在"转换"中选择"排序记录"步骤，拖动到右侧工作区中，并建立彼此之间的节点连接关系，如图 5-15 所示。

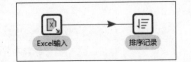

视频讲解

图 5-15　Kettle 数据排序工作流程

（2）双击"Excel 输入"图标，导入 Excel 数据表，如图 5-16 所示，数据表内容如图 5-17 所示。切换至"字段"选项卡，单击"获取来自头部数据的字段"按钮，如图 5-18 所示。

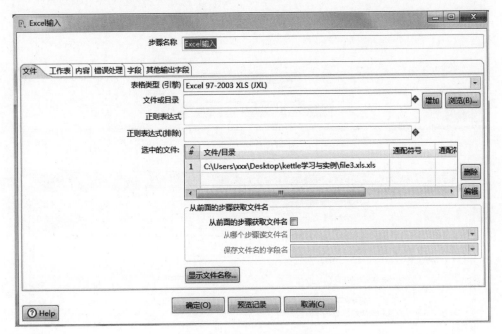

图 5-16　导入 Excel 数据表

（3）双击"排序记录"图标，对字段中的"成绩"按照降序排序，如图 5-19 所示。

（4）保存该文件，运行转换，在执行结果区域的 Preview data 选项卡预览生成的数据，如图 5-20 所示。

	A	B	C	D
1	姓名	成绩		
2	蔡明	68		
3	张敏	57		
4	刘健	47		
5	王天一	78		
6	徐红	67		
7	洪智	84		
8	周明	61		
9	李凡	70		
10	刘甜	63		
11	张晓晓	89		
12	宗树生	73		
13	王天一	78		
14				
15				

图 5-17　Excel 数据表内容

图 5-18　获取字段

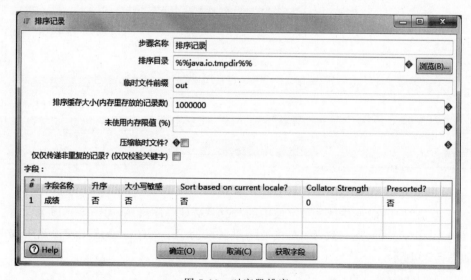

图 5-19　对字段排序

执行结果

执行历史 | 日志 | 步骤度量 | 性能图 | Metrics | Preview data

⦿ ${TransPreview.FirstRows.Label} ○ ${TransPreview.LastRows.Label} ○ ${TransPreview.Off.Label}

#	姓名	成绩
1	张晓晓	89.0
2	洪智	84.0
3	王天一	78.0
4	王天一	78.0
5	宗树生	73.0
6	李凡	70.0
7	蔡明	68.0
8	徐红	67.0
9	刘甜	63.0
10	周明	61.0
11	张敏	57.0
12	刘健	47.0

图 5-20　查看排序结果

视频讲解

【例 5-3】 使用 Kettle 去除重复数据。

（1）在例 5-2 的基础上完成此操作，在"转换"列表中选择"去除重复记录"步骤，拖动到右侧工作区中，并建立彼此之间的节点连接关系，如图 5-21 所示。

Excel输入 → 排序记录 → 去除重复记录

图 5-21　去除重复数据工作流程

（2）双击"去除重复记录"图标，将"字段名称"设置为"姓名"，如图 5-22 所示。

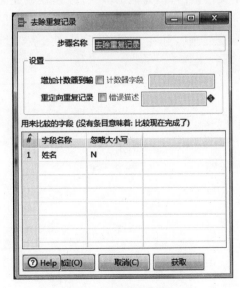

图 5-22　设置去除重复记录

（3）保存该文件,运行转换,在执行结果区域中的 Preview data 选项卡预览生成的数据,如图 5-23 所示。

执行结果
⊙ 执行历史　目 日志　步骤度量　性能图　Metrics　◉ Preview data
◉ ${TransPreview.FirstRows.Label}　◯ ${TransPreview.LastRows.Label}　◯ ${TransPreview.Off.Label}

#	姓名	成绩
1	张晓晓	89.0
2	洪智	84.0
3	王天一	78.0
4	宗树生	73.0
5	李凡	70.0
6	蔡明	68.0
7	徐红	67.0
8	刘甜	63.0
9	周明	61.0
10	张敏	57.0
11	刘健	47.0

图 5-23　查看去重结果

需要注意的是,在 Kettle 中使用"去除重复记录"步骤时,首先要对数据进行排序。

5.2.2　清洗复杂数据

【例 5-4】　使用 Kettle 清洗超出范围的数据。

（1）启动 Kettle 后,新建转换,在"输入"列表中选择"自定义常量数据"步骤,在"检验"列表中选择"数据检验"步骤,在"输出"列表中选择"文本文件输出"步骤,分别拖动到右侧工作区中,其中"文本文件输出"步骤拖动两次,并建立彼此之间的节点连接关系,如图 5-24 所示。值得注意的是,在"数据检验"与"文本文件输出 2"节点的连接中,需要右击"数据检验",选择"定义错误处理",并在"步骤错误处理设置"对话框中设置错误处理步骤,如图 5-25 和图 5-26 所示。

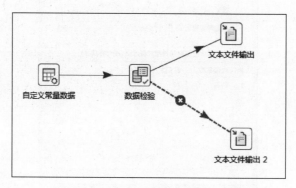

图 5-24　清洗超出范围数据工作流程

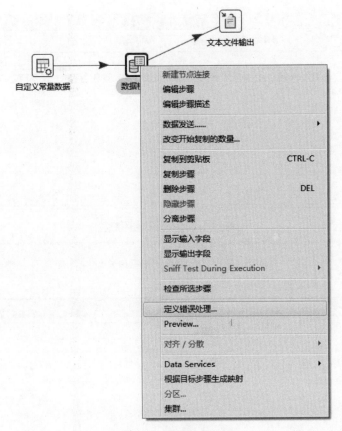

图 5-25　定义错误处理

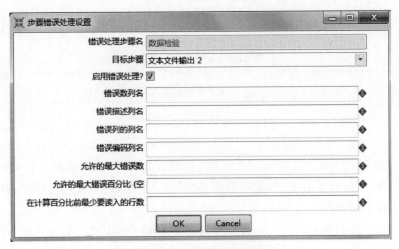

图 5-26　设置错误处理步骤

（2）双击"自定义常量数据"图标，在"元数据"和"数据"选项卡中设置内容，如图 5-27
和图 5-28 所示。

（3）双击"数据检验"图标，单击"增加检验"按钮，将新增的检验命名为 sco。选中

图 5-27　设置元数据(1)

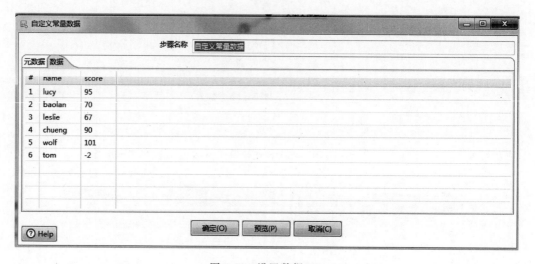

图 5-28　设置数据(1)

sco,将"检验描述"设置为 sco,选择"要检验的字段名"为 score,并将 score 类型中的取值范围设置为 0～100,如图 5-29 所示。

(4) 分别双击"文本文件输出"和"文本文件输出 2"图标,设置清洗后将要保存的文件路径和文件名,保留数据为 file6,抛弃数据为 file7。保存该文件,运行转换,并在最终保存的文本文件中查看清洗结果,如图 5-30 所示。

在 Kettle 中使用数据检验可以检查数据是否遵循了预定义的业务规则,从而找出不符合业务规则的数据。在第 1 次编辑"数据检验"步骤时,这个步骤是空的,必须要选择"增加检验"创建一个新检验。除此之外,还可以进行信用卡检验、电子邮箱地址检验以及 XML 检验。例如,"检验邮件地址"步骤,它不仅可以用于验证字符串是否满足电子邮箱的规则,还可以检验电子邮箱的有效性,有兴趣的读者可以自行尝试。

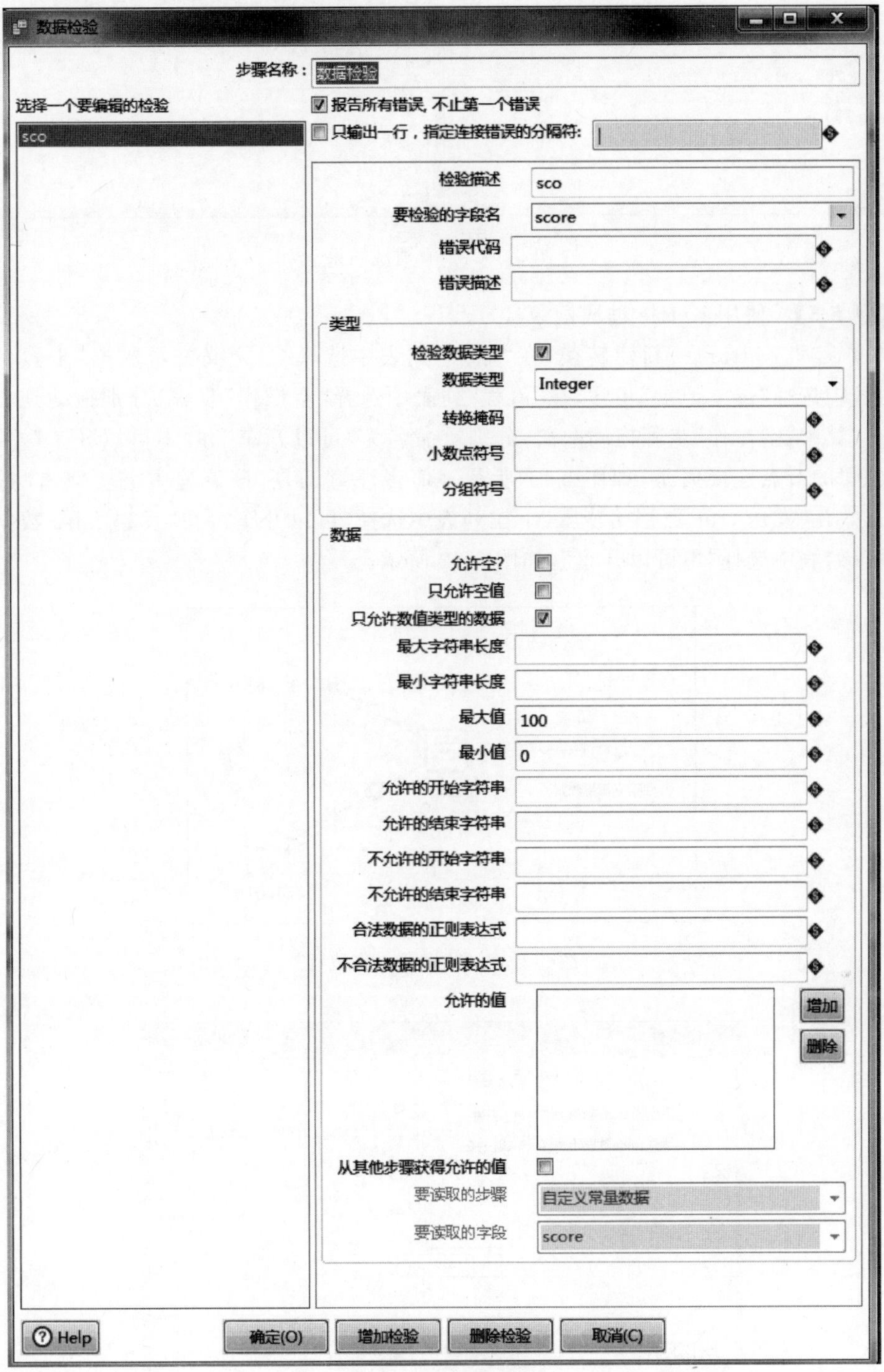
数据检验
步骤名称：数据检验
选择一个要编辑的检验
sco
报告所有错误，不止第一个错误
只输出一行，指定连接错误的分隔符：
检验描述 sco
要检验的字段名 score
错误代码
错误描述
类型
检验数据类型
数据类型 Integer
转换掩码
小数点符号
分组符号
数据
允许空?
只允许空值
只允许数值类型的数据
最大字符串长度
最小字符串长度
最大值 100
最小值 0
允许的开始字符串
允许的结束字符串
不允许的开始字符串
不允许的结束字符串
合法数据的正则表达式
不合法数据的正则表达式
允许的值
增加
删除
从其他步骤获得允许的值
要读取的步骤 自定义常量数据
要读取的字段 score
Help
确定(O)
增加检验
删除检验
取消(C)

图 5-29　设置清洗规则

图 5-30　查看清洗结果

视频讲解

【例 5-5】　使用 Kettle 过滤记录。

（1）启动 Kettle 后，新建转换，在"输入"列表中选择"自定义常量数据"步骤，在"流程"列表中选择"过滤记录"步骤，在"流程"列表中选择"空操作"步骤，分别拖动到右侧工作区中，其中"空操作"步骤拖动两次，分别重命名为"可以开车"和"不可以开车"，并建立彼此之间的节点连接关系，如图 5-31 所示。值得注意的是，该流程中需要双击"过滤记录"图标，在"发送 true 数据给步骤"下拉列表中选择"可以开车"，在"发送 false 数据给步骤"下拉列表中选择"不可以开车"，如图 5-32 所示。

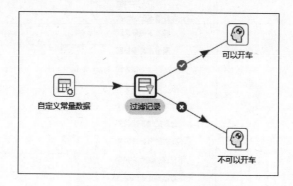

图 5-31　过滤记录工作流程

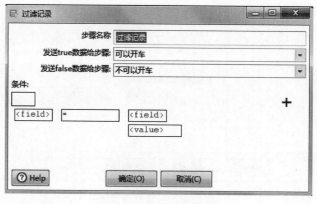

图 5-32　设置过滤记录

（2）双击"自定义常量数据"图标,在"元数据"和"数据"选项卡中分别设置内容,如图 5-33 和图 5-34 所示。

图 5-33　设置元数据(2)

图 5-34　设置数据(2)

（3）双击"过滤记录"图标,将条件设置为 age<=60,如图 5-35 所示。

（4）保存该文件,运行转换,单击"可以开车"图标,在执行结果区域中的 Preview data 选项卡查看运行结果;单击"不可以开车"图标,在执行结果区域中的 Preview data 选项卡查看运行结果,如图 5-36 和图 5-37 所示。本例通过过滤记录将年龄大于 60 岁的人设置为"不可以开车"。

在 Kettle 中,"过滤记录"步骤通过条件和比较运算符过滤记录,通常有以下两个步骤。

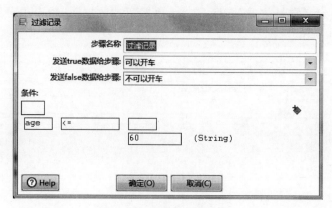

图 5-35　设置过滤记录条件

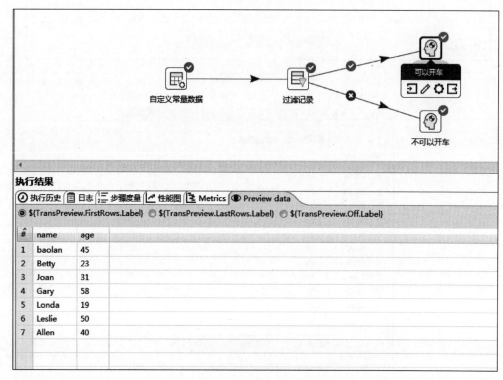

图 5-36　查看结果(可以开车)

(1) 发送 true 数据给步骤:指定条件返回 true 的数据将发送到此步骤。

(2) 发送 false 数据给步骤:指定条件返回 false 的数据将发送到此步骤。

注意:true 和 false 步骤必须指定。

【例 5-6】　使用 Kettle 生成多个随机数并相加。

视频讲解

(1) 启动 Kettle 后,新建转换,在"输入"列表中选择"生成随机数"步骤,在"转换"列表中选择"计算器"步骤,分别拖动到右侧工作区中,并建立彼此之间的节点连接关系,如图 5-38 所示。

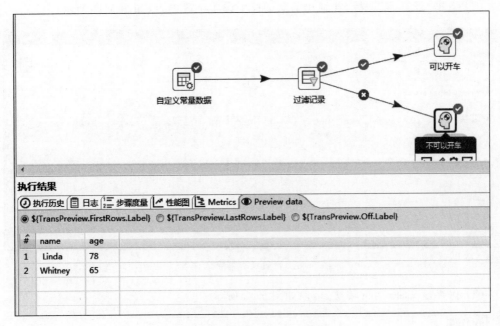

图 5-37 查看结果(不可以开车)

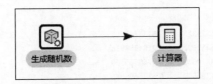

图 5-38 生成多个随机数并相加工作流程

(2)双击"生成随机数"图标,在弹出的对话框中设置字段,如图 5-39 所示。

(3)单击"确定"按钮,右击"生成随机数"图标,在弹出的快捷菜单中选择"开始改变复制的数量",在文本框中输入 10,如图 5-40 所示。

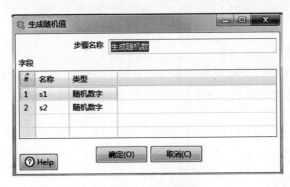

图 5-39 设置随机数

图 5-40 设置复制的数量

（4）双击"计算器"图标，在弹出的对话框中设置字段内容，如图 5-41 所示。

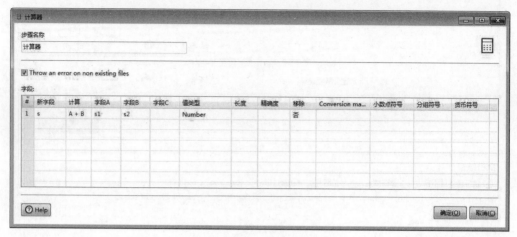

图 5-41　设置计算器字段内容

（5）保存该文件，运行转换，结果如图 5-42 所示。

#	s1	s2	s
1	0.6279723602	0.9851520323	1.6131243925
2	0.4378907364	0.7805451552	1.2184358916
3	0.2346375637	0.2394310026	0.4740685663
4	0.4925634385	0.1801250659	0.6726885045
5	0.0288913732	0.3734158085	0.4023071817
6	0.046106413	0.386030664	0.432137077
7	0.0703005189	0.6546878568	0.7249883756
8	0.6512795622	0.2416315923	0.8929111546
9	0.8534684345	0.433978393	1.2874468275
10	0.5421171954	0.1009980719	0.6431152674

图 5-42　保存并运行转换

视频讲解

【例 5-7】　使用 Kettle 对数据进行统计分析。

（1）启动 Kettle 后，新建转换，在"输入"列表中选择"Excel 输入"步骤，在"统计"列表中选择"单变量统计"步骤，分别拖动到右侧工作区中，并建立彼此之间的节点连接关系，如图 5-43 所示。

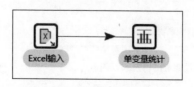

图 5-43　统计分析工作流程

（2）双击"Excel输入"图标，在"文件"选项卡中添加外部 XLS 文件，数据表内容见例5-2，如图 5-44 所示；并在"字段"选项卡中进行相关设置，如图 5-45 所示。

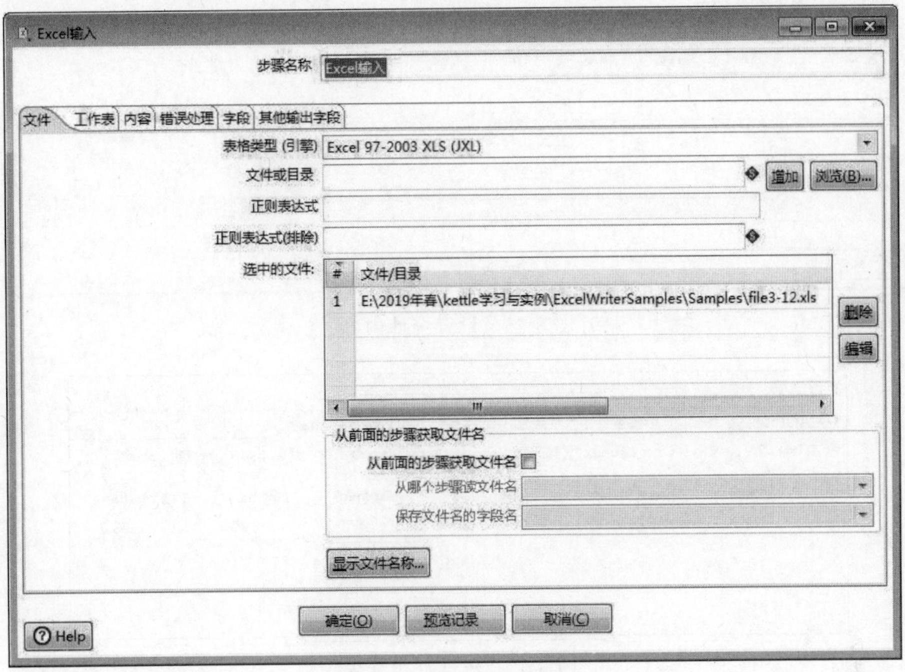

图 5-44　添加外部数据表

图 5-45　设置字段

（3）单击"单变量统计"图标，设置统计内容，如图 5-46 所示。

（4）保存该文件，运行转换，结果如图 5-47 所示。

在本例中，成绩（N）表示数据个数；成绩（mean）表示平均成绩；成绩（stdDev）表示成绩的标准差；成绩（min）表示成绩的最小值；成绩（max）表示成绩的最大值；成绩（median）表示成绩的中位数。

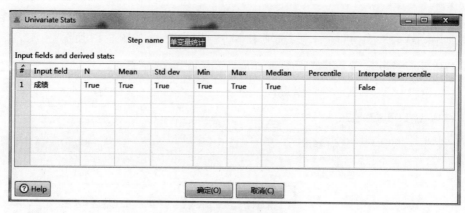

图 5-46　设置统计内容

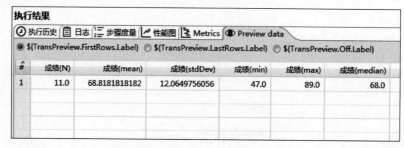

图 5-47　统计分析结果

视频讲解

【例 5-8】　使用 Kettle 书写日志。

（1）启动 Kettle 后，新建转换，在"输入"列表中选择"生成记录"步骤，在"应用"列表中选择"写日志"步骤，分别拖动到右侧工作区中，并建立彼此之间的节点连接关系，如图 5-48 所示。

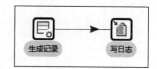

图 5-48　书写日志工作流程

（2）双击"生成记录"图标，在"限制"文本框中输入 40，并分别设置"字段"中的名称、类型和值，如图 5-49 所示。

图 5-49　设置生成记录

（3）双击"写日志"图标，单击"获取字段"按钮，自动获取字段名称，并在"写日志"文本框中输入自定义内容，如图5-50所示。

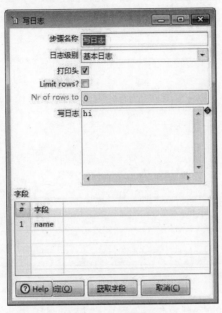

图5-50 写日志（1）

（4）保存该文件，运行转换，在执行结果区域中的"日志"选项卡中查看日志状态，在Preview data选项卡中预览生成的数据，如图5-51和图5-52所示。

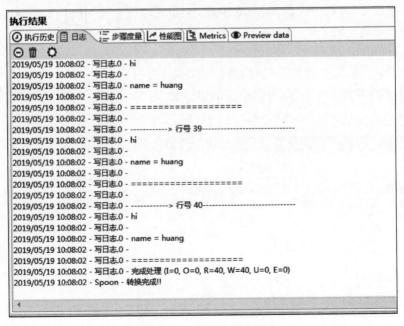

图5-51 查看日志状态（1）

执行结果

执行历史 | 日志 | 步骤度量 | 性能图 | Metrics | Preview data

◉ ${TransPreview.FirstRows.Label} ◯ ${TransPreview.LastRows.Label} ◯ ${TransPreview.Off.Label}

#	name
1	huang
2	huang
3	huang
4	huang
5	huang
6	huang
7	huang
8	huang
9	huang
10	huang
11	huang
12	huang
13	huang
14	huang
15	huang
16	huang
17	huang

图 5-52　预览生成的数据(1)

日志是针对运行过程的信息反馈,在程序监控和调用中十分有用。此外,在 Kettle 执行结果中通过查看日志可以更好地进行数据仓库的开发与测试。

【例 5-9】 使用 Kettle 自定义常量并输入日志。

(1) 启动 Kettle 后,新建转换,在"输入"列表中选择"自定义常量数据"步骤,在"应用"列表中选择"写日志"步骤,分别拖动到右侧工作区中,并建立彼此之间的节点连接关系,如图 5-53 所示。

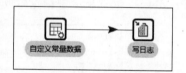

图 5-53　自定义常量并输入日志工作流程

(2) 双击"自定义常量数据"图标,在"元数据"选项卡中设置名称和类型,并将"设为空串?"的值设为否,如图 5-54 所示。

自定义常量数据

步骤名称　自定义常量数据

元数据 | 数据

#	名称	类型	格式	长度	精度	货币类型	小数	分组	设为空串?
1	name	String							否
2	id	String							否
3	sex	String							否
4	age	String							否

? Help　　　确定(O)　取消(P)　取消(C)

图 5-54　设置元数据(3)

（3）在"数据"选项卡中输入数据内容，如图 5-55 所示。

图 5-55　设置数据（3）

（4）双击"写日志"图标，单击"获取字段"按钮，自动获取字段名称，并在"写日志"文本框中输入自定义内容，如图 5-56 所示。

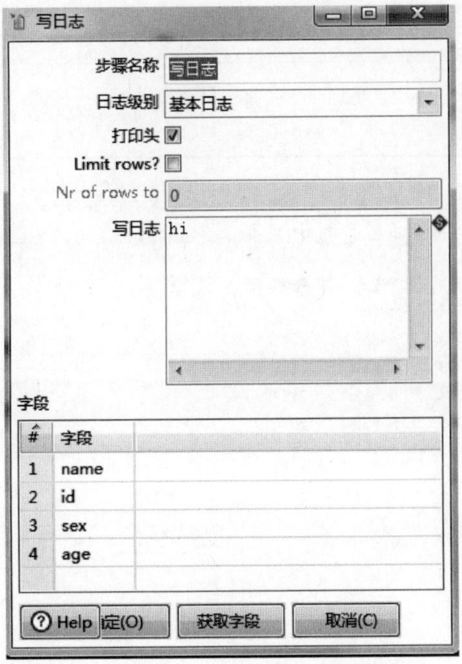

图 5-56　写日志（2）

（5）保存该文件，运行转换，在执行结果区域的"日志"选项卡中查看日志状态，在 Preview data 选项卡中预览生成的数据，如图 5-57 和图 5-58 所示。

【例 5-10】　使用 Kettle 正则表达式清洗数据。

（1）启动 Kettle 后，新建转换，在"输入"列表中选择"自定义常量数据"步骤，在"检

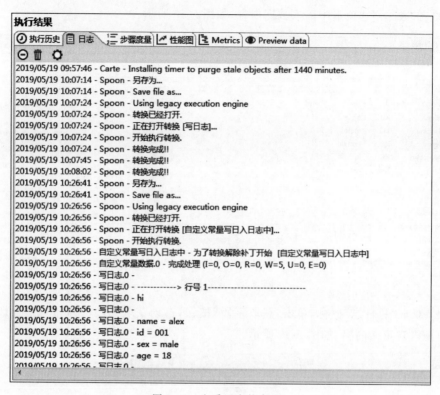

图 5-57　查看日志状态(2)

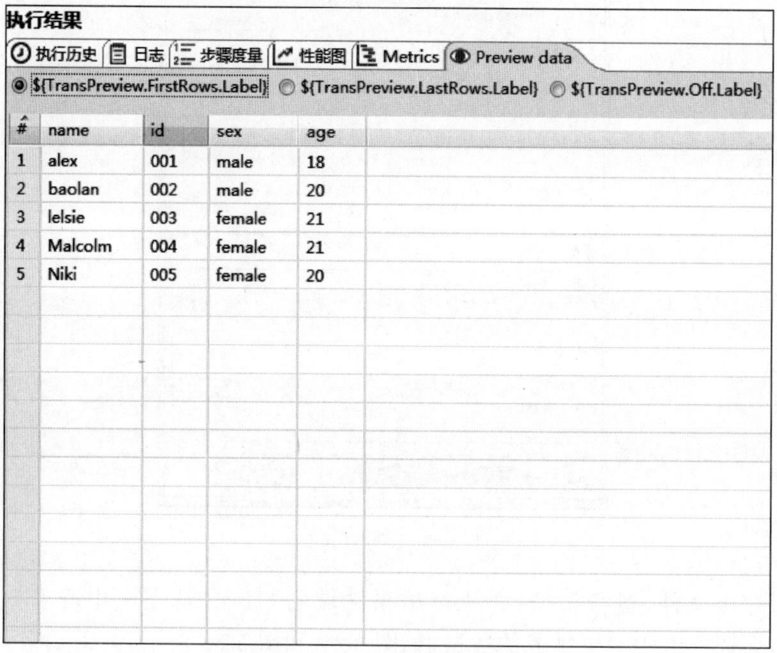

图 5-58　预览生成的数据(2)

验"列表中选择"数据检验"步骤,在"输出"列表中选择"文本文件输出"步骤,分别拖动到右侧工作区中,其中"文本文件输出"步骤拖动两次,并建立彼此之间的节点连接关系,如图5-59所示。值得注意的是,在"数据检验"与"文本文件输出2"节点的连接中,需要在"数据检验"中设置错误处理步骤。

（2）双击"自定义常量数据"图标,在"元数据"和"数据"选项卡中设置内容,如图5-60和图5-61所示。

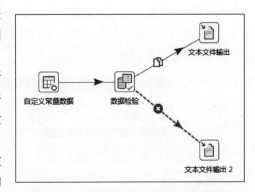

图 5-59　正则表达式清洗数据工作流程

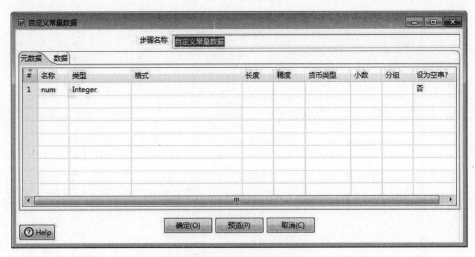

图 5-60　设置元数据(4)

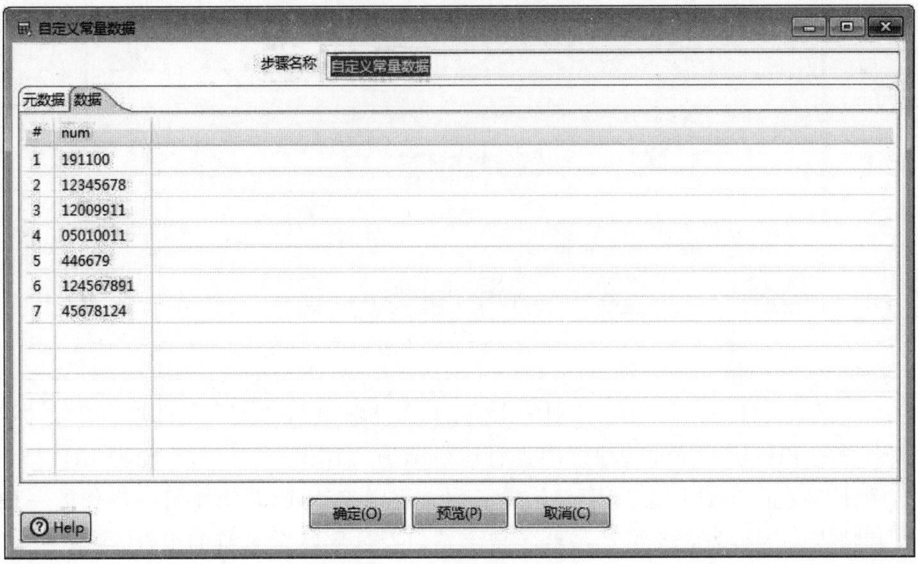

图 5-61　设置数据(4)

（3）双击"数据检验"图标，在"检验描述"文本框中输入 day，选择"要检验的字段名"为 num，并在"合法数据的正则表达式"文本框中填写\d{3,6}，该表达式含义为输出长度为 3～6 位的数据，如图 5-62 所示。

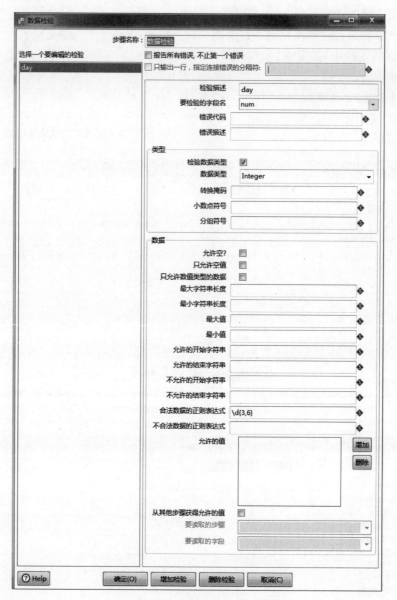

图 5-62　设置正则表达式

（4）保存该文件，运行转换，分别单击"文本文件输出"和"文本文件输出 2"图标，在执行结果区域的 Preview data 选项卡中查看运行结果，如图 5-63 和图 5-64 所示。

本例使用了正则表达式，正则表达式又称为规则表达式，是对字符串操作的一种逻辑公式。其特点是用事先定义好的一些特定字符以及这些特定字符的组合，组成一个"规则字符串"，这个规则字符串用来表达对字符串的一种过滤逻辑，通常被用来检索、替换那些

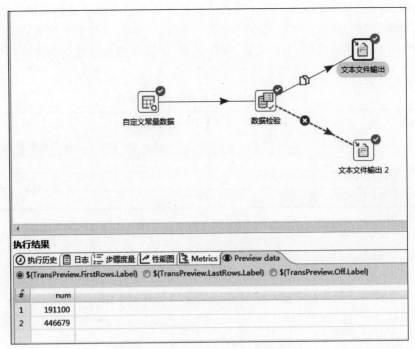

图 5-63　查看结果（文本文件输出）

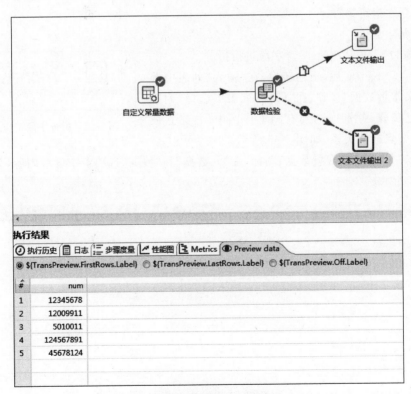

图 5-64　查看结果（文本文件输出 2）

符合某个模式(规则)的文本。构造正则表达式的方法和创建数学表达式的方法一样,也就是用多种元字符与运算符可以将小的表达式结合在一起,创建更大的表达式。正则表达式的组件可以是单个字符、字符集合、字符范围、字符间的选择或所有这些组件的任意组合。表 5-1 给出了常见的正则表达式规则说明。

表 5-1 常见的正则表达式规则说明

正则表达式	说　　明	正则表达式	说　　明
\d	代表一个数字	+	表示前一个字符至少出现一次
*	代表任意的字符	—	表示一个范围
[]	[]内的字符只能取其一	?	表示前一个字符可出现 0 次或一次
{}	指定字符的个数		

例如,声明电话号码。该数据类型由 ∗∗∗ - ∗∗∗∗∗∗∗∗ 组成,如 023-67670011,可使用正则表达式表示为"\d{3}-d{8}"。

再比如,声明密码。该数据类型由 ∗∗∗∗∗∗∗∗∗ 组成,前 3 位是字母,后 6 位是数字,如 abc123456,可使用正则表达式表示为"[a-z]{3}[0-9]{6}"。

正则表达式有以下常见应用:

(1) 替换指定内容;

(2) 数字替换;

(3) 删除指定字符;

(4) 删除空行。

视频讲解

【例 5-11】 使用 Kettle 对字段进行拆分。

(1) 启动 Kettle 后,新建转换,在"输入"列表中选择"自定义常量数据"步骤,在"转换"列表中选择"列拆分为多行"步骤,分别拖动到右侧工作区中,并建立彼此之间的节点连接关系,如图 5-65 所示。

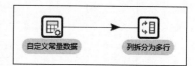

图 5-65 拆分字段工作流程

(2) 双击"自定义常量数据"图标,在"元数据"和"数据"选项卡中设置内容,如图 5-66 和图 5-67 所示。

#	名称	类型	格式	长度	精度	货币类型	小数	分组	设为空串?
1	编号	String							否
2	市	String							否
3	区县	String							否

图 5-66 设置元数据(5)

自定义常量数据
步骤名称 自定义常量数据
元数据 数据
编号 市 区县
1 001 重庆 江北区,渝中区,南岸区,渝北区,沙坪坝区
确定(O) 预览(P) 取消(C)
Help

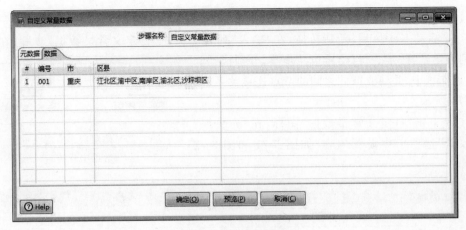

图 5-67　设置数据(5)

(3) 双击“列拆分为多行”图标,在“要拆分的字段”下拉列表中选择“区县”,在“分隔符”文本框中输入[,],勾选“分隔符是一个正则表达”,并将“新字段名”设置为“区”,如图 5-68 所示。

列拆分为多行
字段名称 列拆分为多行
要拆分的字段 区县
分割符 [,]
分隔符是一个正则表达
新字段名 区
附加字段
输出中包括行号 行号字段
对接收到的每一行重置行号?
Help
确定(O) 取消(C)

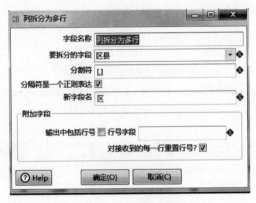

图 5-68　设置列拆分为多行

(4) 保存该文件,运行转换,在执行结果区域的 Preview data 选项卡中查看运行结果,这时可以看到数据增加了一个“区”字段,即将最初的区县字段的内容进行了拆分,如图 5-69 所示。

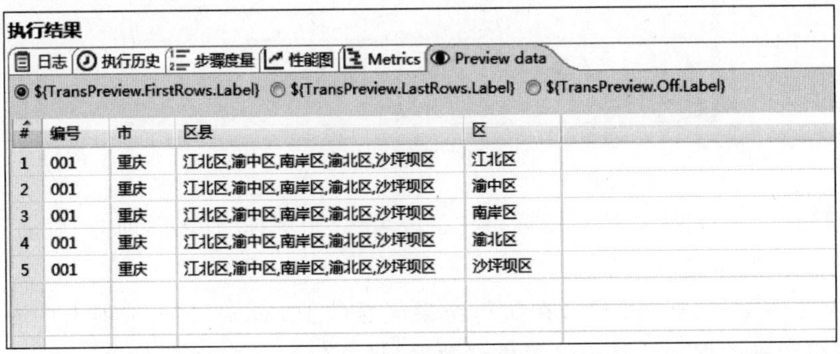

执行结果
日志 执行历史 步骤度量 性能图 Metrics Preview data
${TransPreview.FirstRows.Label} ${TransPreview.LastRows.Label} ${TransPreview.Off.Label}
编号 市 区县 区
1 001 重庆 江北区,渝中区,南岸区,渝北区,沙坪坝区 江北区
2 001 重庆 江北区,渝中区,南岸区,渝北区,沙坪坝区 渝中区
3 001 重庆 江北区,渝中区,南岸区,渝北区,沙坪坝区 南岸区
4 001 重庆 江北区,渝中区,南岸区,渝北区,沙坪坝区 渝北区
5 001 重庆 江北区,渝中区,南岸区,渝北区,沙坪坝区 沙坪坝区

图 5-69　查看拆分结果

【例 5-12】 使用哈希值清洗重复数据。

（1）启动 Kettle 后，新建转换，在"输入"列表中选择"自定义常量数据"步骤，在"转换"列表中选择"唯一行(哈希值)"步骤，分别拖动到右侧工作区中，并建立彼此之间的节点连接关系，如图 5-70 所示。

（2）双击"自定义常量数据"图标，在"元数据"和"数据"选项卡中设置内容，如图 5-71 和图 5-72 所示。

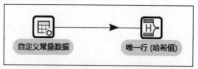

图 5-70　使用哈希值清洗重复
数据工作流程

图 5-71　设置元数据(6)

图 5-72　设置数据(6)

（3）双击"唯一行(哈希值)"图标，在"字段名称"中选择"姓名"，即对"姓名"字段进行比较，如图 5-73 所示。

（4）保存该文件，运行转换，在执行结果区域的 Preview data 选项卡中查看运行结果，这时可以看到数据中已经去除了重复数据"张鑫"，如图 5-74 所示。

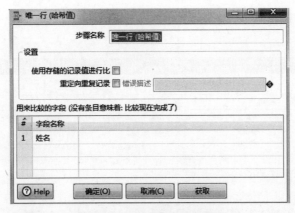

图 5-73 设置用于比较的字段

图 5-74 查看去重结果

可以看出,使用"唯一行(哈希值)"步骤可以不事先对数据进行排序,它是在内存中对数据进行去重操作。"唯一行(哈希值)"步骤是根据哈希值进行比较的,而"去除重复记录"步骤是根据相邻两行数据是否一致进行比较的。

【例 5-13】 使用 Kettle 对数据进行模糊匹配。

(1)启动 Kettle 后,新建转换,在"输入"列表中选择"自定义常量数据"步骤,在"查询"列表中选择"模糊匹配"步骤,在"应用"列表中选择"写日志"步骤,分别拖动到右侧工作区中,其中"自定义常量数据"步骤拖动两次,并重命名为 tab_a 和 tab_b,建立彼此之间的节点连接关系,如图 5-75 所示。

视频讲解

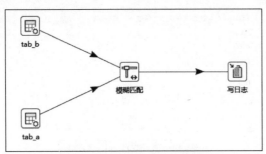

图 5-75 模糊匹配工作流程

（2）双击 tab_b 图标，在"元数据"和"数据"选项卡中分别设置内容，如图 5-76 和图 5-77 所示。

图 5-76　设置 tab_b 元数据

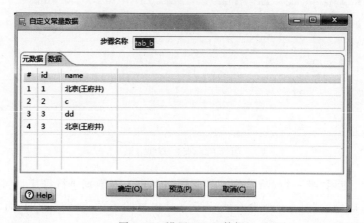

图 5-77　设置 tab_b 数据

（3）双击 tab_a 图标，在"元数据"和"数据"选项卡中分别设置内容，如图 5-78 和图 5-79 所示。

图 5-78　设置 tab_a 元数据

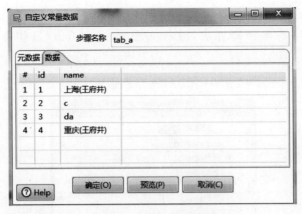

图 5-79　设置 tab_a 数据

（4）双击"模糊匹配"图标，在"一般"选项卡和"字段"选项卡中分别设置内容，如图 5-80 和图 5-81 所示。其中，在"一般"选项卡中将"匹配步骤"设置为 tab_b，将"匹配字段"设置为 name，将"主要流字段"设置为 name，将"算法"设置为 Jaro Winkler，将"最小值"设置为 0，"最大值"设置为 1；并在"字段"选项卡中将"匹配字段"设置为 match，将"值字段"设置为 measure value。

图 5-80　设置"一般"选项卡　　　　图 5-81　设置"字段"选项卡

本例采用 Jaro Winkler 算法进行字符串之间的模糊匹配，这是计算两个字符串之间相似度的一种算法。算法得分越高，说明相似度越大，如得 0 分，表示没有任何相似度，1 分则代表完全匹配。Jaro Winkler 算法得分公式为

$$d_j = \frac{1}{3}\left(\frac{m}{|s1|} + \frac{m}{|s2|} + \frac{m-t}{m}\right)$$

其中，s1 和 s2 表示要比对的两个字符；d_j 表示最后得分；m 表示要匹配的字符数。

此外,还可以根据需要选择其他算法,如 Needleman Wunsch(文本比较算法)、Levenshtein(编辑字符串距离算法)、Damerau Levenshtein(最佳字符串匹配算法)、SoundEx(语音算法)等。

(5) 双击"写日志"图标,设置写入的日志字段内容,如图 5-82 所示。

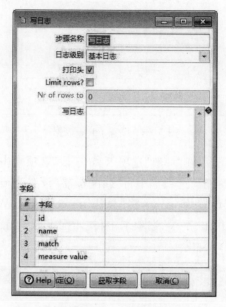

图 5-82　写日志

(6) 保存该文件,运行转换。单击"写日志"图标,在执行结果区域的 Preview data 选项卡中查看结果,如图 5-83 所示。

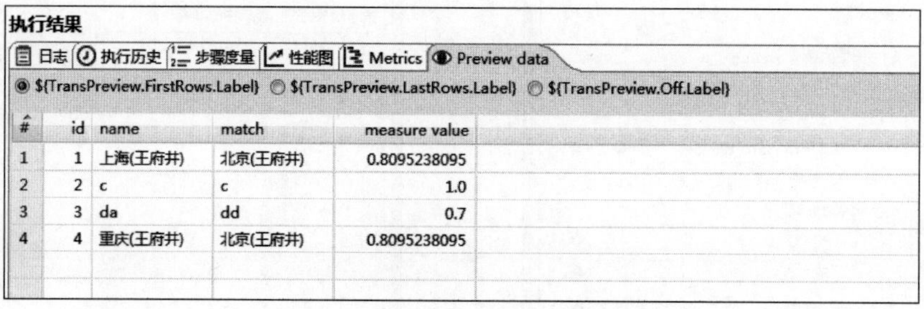

图 5-83　查看模糊匹配结果

从图 5-83 可以看出,字符串"上海(王府井)"和字符串"北京(王府井)"的匹配度为 0.809 523 809 5,字符串 c 与字符串 c 的匹配度为 1.0(表示完全匹配),字符串 da 与字符串 dd 的匹配度为 0.7。

5.3　本章小结

使用 Kettle 可以完成数据仓库中的数据清洗与数据转换工作,常见的有:数据值的修改与映射、数据排序、重复数据的清洗、超出范围数据的清洗、日志的写入、JavaScript

代码数据清洗、正则表达式数据清洗、数据值的过滤以及随机值的运算等。

在 Kettle 中进行数据清洗的时候基本上没有单一的清洗步骤,通常数据清洗工作需要结合多个步骤完成。例如,数据清洗可以从数据抽取时就开始执行,并在多个步骤中通过设定清洗内容完成操作。

5.4　实训

1. 实训目的

通过本章实训了解数据清洗的特点,能进行简单的与数据清洗有关的操作。

2. 实训内容

1) 使用 Kettle 查看数据中的空值

(1) 启动 Kettle 后,新建转换,在"输入"列表中选择"自定义常量数据"步骤,在"检验"列表中选择"数据检验"步骤,在"输出"列表中选择"文本文件输出"步骤,分别拖动到右侧工作区中,其中"文本文件输出"步骤拖动两次,并建立彼此之间的节点连接关系,如图 5-84 所示。值得注意的是,在"数据检验"与"文本文件输出 2"步骤的节点连接中,需要在"数据检验"步骤中设置错误处理步骤。

(2) 双击"自定义常量数据"图标,在"元数据"和"数据"选项卡中设置内容,如图 5-85 和图 5-86 所示。

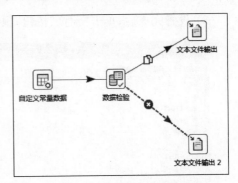

图 5-84　查看空值工作流程

图 5-85　设置元数据(7)

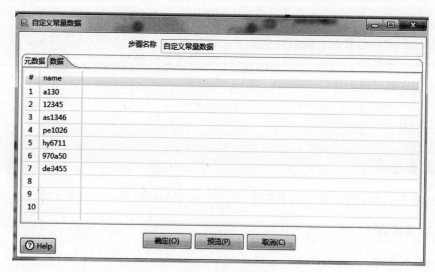

图 5-86　设置数据(7)

（3）设置完成后，单击"预览"按钮，预览数据，如图 5-87 所示。

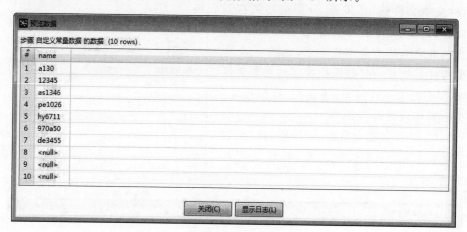

图 5-87　预览数据

（4）双击"数据检验"图标，在"检验描述"文本框中输入 na，选择"要检验的字段名"为 name，在"合法数据的正则表达式"文本框中填写 null，如图 5-88 所示。

（5）保存该文件，运行转换，分别单击"文本文件输出"和"文本文件输出 2"图标，在执行结果区域的 Preview data 选项卡中查看运行结果，如图 5-89 和图 5-90 所示。

2）使用 Kettle 采样数据并输出结果

（1）启动 Kettle 后，新建转换，在"输入"列表中选择"Excel 输入"步骤，在"转换"列表中选择"排序记录"步骤，在"统计"列表中选择"数据采样"步骤，在"流程"列表中选择"识别流的最后一行"步骤，分别拖动到右侧工作区中，并建立彼此之间的节点连接关系，如图 5-91 所示。

（2）双击"Excel 输入"图标，添加需要的数据表，并获取表中字段。

（3）双击"排序记录"图标，设置字段名称为"成绩"，如图 5-92 所示。

视频讲解

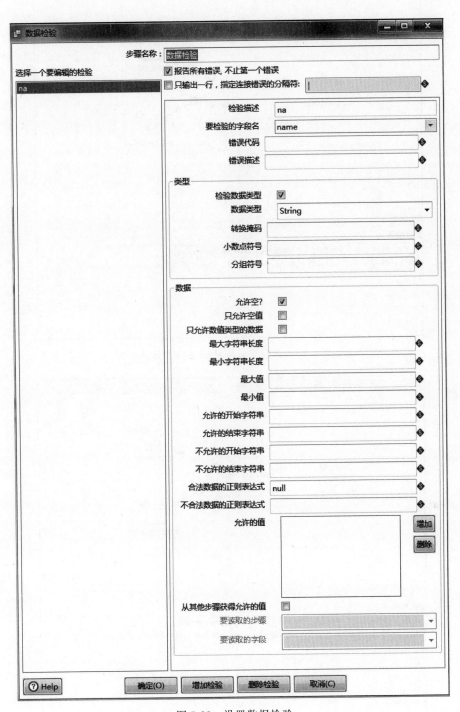

图 5-88 设置数据检验

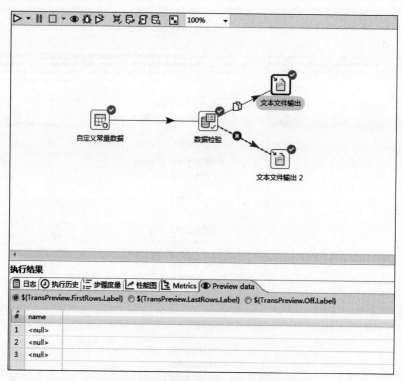

图 5-89　查看空值结果(文本文件输出)

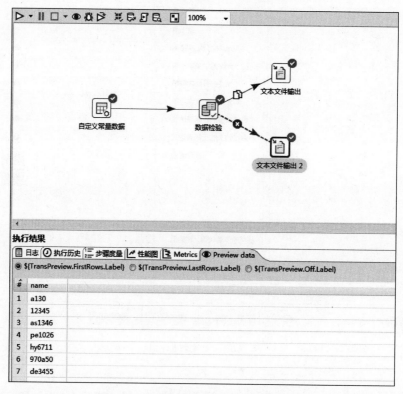

图 5-90　查看空值结果(文本文件输出 2)

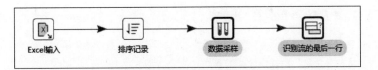

图 5-91 采样数据并输出工作流程

图 5-92 设置排序记录

（4）双击"数据采样"图标，设置 Sample size(样本容量)为 5，Random seed(随机种子数)为 1，如图 5-93 所示。

（5）双击"识别流的最后一行"图标，设置"结果字段名"为 Last，该字段用于获得最后一行的数据，如图 5-94 所示。

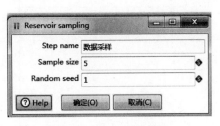

图 5-93 设置采样参数

图 5-94 设置识别流的最后一行

（6）保存该文件，运行转换，依次单击"Excel 输入""排序记录""数据采样""识别流的最后一行"图标，在执行结果区域的 Preview data 选项卡中查看最终的结果，如图 5-95～图 5-98 所示。

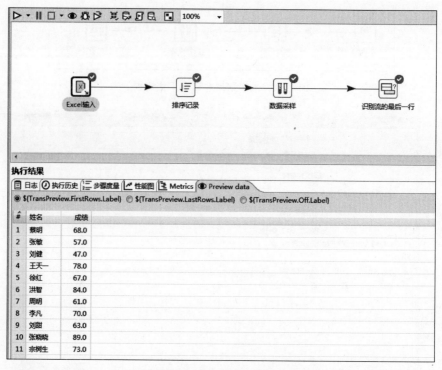

图 5-95　Excel 输入结果

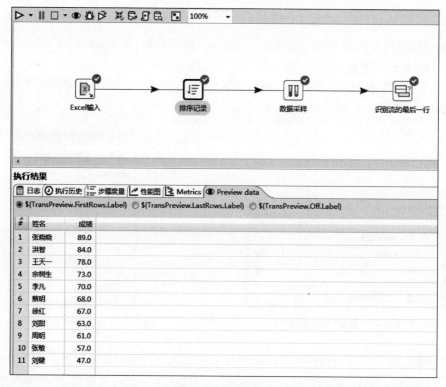

图 5-96　排序结果

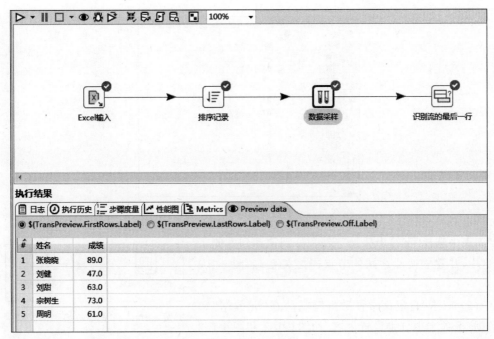

图 5-97 采样结果

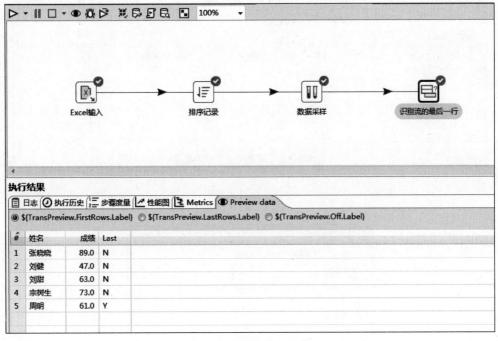

图 5-98 最终输出结果

本例导入的 Excel 表格内容如图 5-99 所示。

3）使用 Kettle 实现字符串替换

（1）启动 Kettle 后，新建转换，在"输入"列表中选择"自定义常量数据"步骤，在"转

	A	B	C	D	E
1	姓名	成绩			
2	蔡明	68			
3	张敏	57			
4	刘健	47			
5	王天一	78			
6	徐红	67			
7	洪智	84			
8	周明	61			
9	李凡	70			
10	刘甜	63			
11	张晓晓	89			
12	宗树生	73			
13					
14					
15					

图 5-99 本例导入的 Excel 表格内容

换"列表中选择"字符串替换"步骤,分别拖动到右侧工作区中,并建立彼此之间的节点连接关系,如图 5-100 所示。

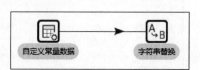

（2）双击"自定义常量数据"图标,在"元数据"和"数据"选项卡中分别设置内容,如图 5-101 和图 5-102 所示。

图 5-100 字符串替换工作流程

#	名称	类型	格式	长度	精度	货币类型	小数	分组	设为空串?	
1	name	String							否	

图 5-101 设置元数据(8)

#	name
1	jj#kljl
2	jj##kljl

图 5-102 设置数据(8)

（3）双击"字符串替换"图标，设置如图 5-103 所示。

#	输入流字段	输出流字段	使用正则表达式	搜索	使用...替换	设置为空串?	使用字段值替换	整个单词匹配	大小写敏感	Is Unicode
1	name	new_name	是	[a-z]	5	否		否	否	否

图 5-103　设置字符串替换内容

在本例中，将输入流字段 name 改为输出流字段 new_name，并使用正则表达式将 a～z 的字母用数字 5 进行替换。

（4）保存该文件，运行转换，单击"字符串替换"图标，在执行结果区域的 Preview data 选项卡中查看运行结果，如图 5-104 所示。

#	name	new_name
1	jj#kljl	55#5555
2	jj##kljl	55##5555

图 5-104　查看字符串替换结果

从图 5-104 可以看出，本例输入的字符串 jj♯kljl 和 jj♯♯kljl 分别被替换成了输出字符串 55♯5555 和 55♯♯5555。

4）使用 Kettle 拆分字段并保存为日志

（1）启动 Kettle 后，新建转换，在"输入"列表中选择"自定义常量数据"步骤，在"转换"列表中选择"拆分字段"步骤，在"应用"列表中选择"写日志"步骤，分别拖动到右侧工作区中，并建立彼此之间的节点连接关系，如图 5-105 所示。

视频讲解

自定义常量数据　　拆分字段　　写日志

图 5-105　拆分字段并写日志工作流程

（2）双击"自定义常量数据"图标，在"元数据"和"数据"选项卡中分别设置内容，如图 5-106 和图 5-107 所示。

图 5-106　设置元数据(9)

图 5-107　设置数据(9)

(3) 双击"拆分字段"图标,在"需要拆分的字段"下拉列表中选择 name,在"分隔符"文本框中输入",",并设置新的字段,如图 5-108 所示。

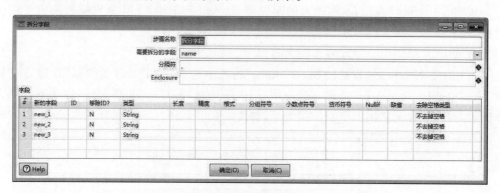

图 5-108　设置拆分字段

(4) 双击"写日志"图标,在弹出的对话框中设置字段内容,如图 5-109 所示。

(5) 保存该文件,运行转换,依次单击"自定义常量数据"和"写日志"图标,在执行结果区域的 Preview data 选项卡中分别查看结果,如图 5-110 和图 5-111 所示。

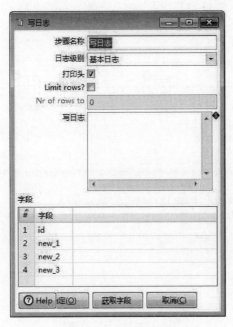

图 5-109　设置写日志

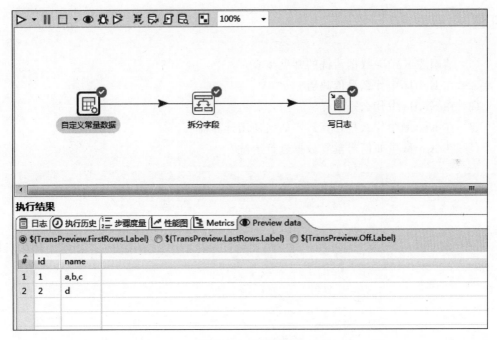

图 5-110　初始设置

从该例可以看出，在 Kettle 中可以使用"拆分字段"步骤将初始字段(如"a,b,c")拆分为多个字段(如"a""b"和"c")。

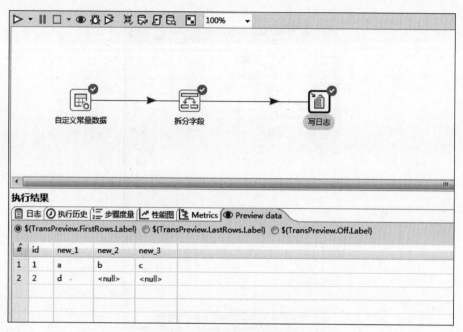

图 5-111　拆分后的结果

习题 5

（1）请阐述 Kettle 数据清洗的常见步骤。

（2）在 Kettle 中什么是值映射？

（3）在 Kettle 中什么是采样？

（4）在 Kettle 中什么是计算器？如何使用计算器？

（5）在 Kettle 中如何对重复数据进行清洗？

第**6**章

数据迁移

本章学习目标

- 了解数据迁移的概念
- 了解数据迁移的过程
- 了解数据迁移的方法
- 了解数据迁移的相关技术
- 掌握 Kettle 中的数据迁移实现

本章先介绍数据迁移的概念和数据迁移的过程,再介绍数据迁移的方法,接着介绍数据迁移的相关技术,最后介绍使用 Kettle 实现数据迁移。

6.1 数据迁移概述

视频讲解

1. 数据迁移简介

在企业的实际应用中,数据通常以不同的方式存储于不同的数据库中。因此,如何采集和获取这些数据量大并且来源复杂的数据,成为现代企业进行大数据分析的一个难题。

数据迁移又称为分级存储管理(Hierarchical Storage Management,HSM),是一种将离线存储与在线存储融合的技术,是数据系统整合中保证系统平滑升级和更新的关键部分。它将高速、高容量的非在线存储设备作为磁盘设备的下一级设备,然后将磁盘中常用的数据按指定的策略自动迁移到磁带库(简称为带库)等二级大容量存储设备上。当需要使用这些数据时,分级存储系统会自动将这些数据从下一级存储设备调回到上一级磁盘上。对于用户,上述数据迁移操作完全是透明的,只是在访问磁盘的速度上略有怠慢,而在逻辑磁盘的容量上明显感觉大大提高了。图 6-1 所示为数据迁移示意图。

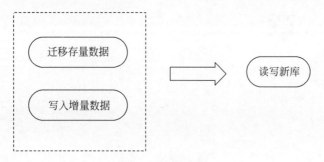

图 6-1   数据迁移

从图 6-1 可以看出,数据迁移既包含了迁移存量数据(老数据),又包含了写入增量数据(新数据)。不过简单来讲,数据迁移就是将数据从一个地方挪到另外一个地方,它是将很少使用或不用的文件移到辅助存储系统(如磁带或光盘)的存档过程。这些文件通常是在未来任何时间可进行方便访问的图像文件或历史信息。数据迁移工作通常与数据备份策略相结合,并且要求定期备份数据。此外,数据迁移还包括计算机数据迁移,如迁移旧计算机(旧系统)中的数据、应用程序、个性化设置等到新计算机(新系统),特别是在系统升级后很有必要。图 6-2 显示了使用 Access 链接到 ODBC 数据库,以实现数据表的导入和导出。

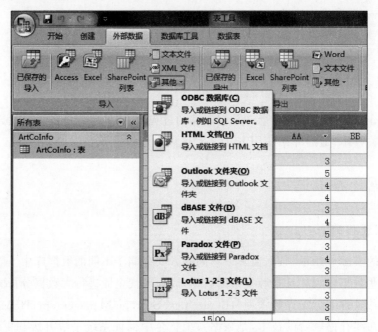

图 6-2   Access 链接到 ODBC 数据库

视频讲解

【**例 6-1**】   使用 Access 迁移数据表中所有记录。

(1) 运行 Access 2007,新建表 stu,并添加字段及对应的数据,如图 6-3 所示。

(2) 右击表 stu,在弹出的快捷菜单中将该表导出为 Excel,如图 6-4 所示。

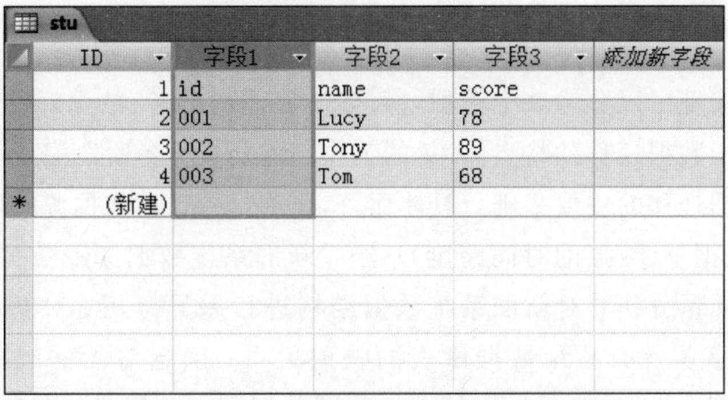

图 6-3 新建表 stu，并添加字段及对应的数据

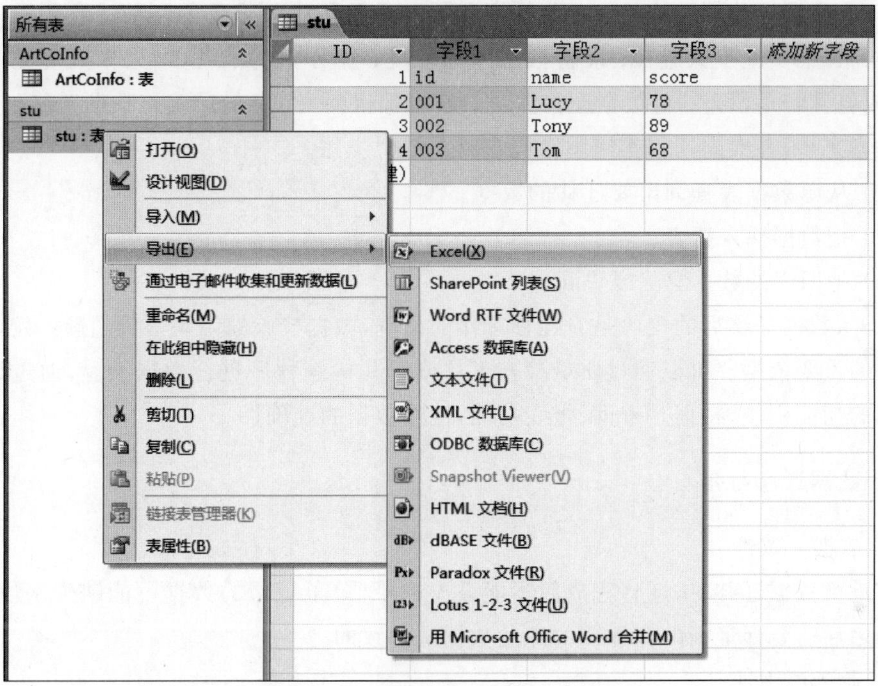

图 6-4 将表 stu 导出为 Excel 表

（3）打开导出的 Excel 表，如图 6-5 所示。

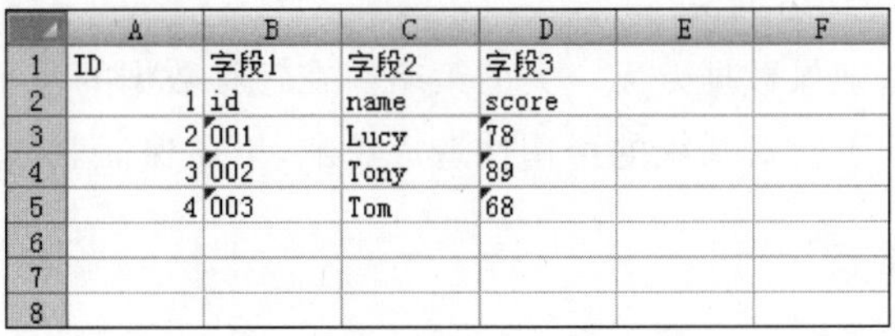

图 6-5 导出的 Excel 表内容

2. 数据迁移的过程

数据迁移的实现可以分为 3 个阶段：数据迁移前的准备、数据迁移的实施和数据迁移后的校验。由于数据迁移的特点，大量的工作都需要在准备阶段完成，充分而周到的准备工作是完成数据迁移的主要基础。具体而言，要进行待迁移数据源的详细说明（包括数据的存储方式、数据量、数据的时间跨度）；建立新旧系统数据库的数据字典；对旧系统的历史数据进行质量分析；对新旧系统数据结构进行差异分析；对新旧系统代码数据进行差异分析；建立新旧系统数据库表的映射关系；确定对无法映射字段的处理方法；开发、部属 ETL 工具，编写数据转换的测试计划和校验程序；制订数据转换的应急措施。

其中，数据迁移的实施是实现数据迁移的 3 个阶段中最重要的环节。它要求制订数据转换的详细实施步骤流程；准备数据迁移环境；业务上的准备，结束未处理完的业务事项，或将其告一段落；对数据迁移涉及的技术都得到测试；最后实施数据迁移。

具体来讲，在数据迁移实施中常包含以下 3 个步骤。

（1）从源数据表查询出要迁移的数据。

（2）把数据插入新表。

（3）把旧表的数据删除或更新。

另外，数据迁移后的校验是对迁移工作的检查，数据校验的结果是判断新系统能否正式启用的重要依据。可以通过质量检查工具或编写检查程序进行数据校验，通过试运行新系统的功能模块，特别是查询、报表功能，检查数据的准确性。

3. 数据迁移标准

1）数据一致性

在进行数据迁移时，迁移完成后不能丢失记录，单条记录的数据不能缺失字段，并且在迁移之后需要保证新的库和旧的库的数据是一致的。

2）业务可用性

数据迁移应该是在线的迁移，也就是在迁移的同时还会有数据的写入，因此需要保证业务写入的可用性。

3）迁移过程可中断、可回滚

这点要求很高，是确保数据万无一失的策略。在迁移数据的各个阶段发现有问题，都可以回滚到原来的库，不会对系统的可用性造成影响，以此保证业务正常运行。

4. 数据迁移的准备

数据转换与迁移通常包括多项工作：旧系统数据字典整理、旧系统数据质量分析、新系统数据字典整理、新旧系统数据差异分析、建立新旧系统数据之间的映射关系、开发部署数据转换与迁移程序、制订数据转换与迁移过程中的应急方案、实施旧系统数据到新系统的转换与迁移工作、检查转换与迁移后数据的完整性与正确性。

一般来讲,数据转换与迁移的过程大致可以分为抽取、转换、装载 3 个步骤。数据抽取、转换是根据新旧系统数据库的映射关系进行的,而数据差异分析是建立映射关系的前提,这其中还包括对代码数据的差异分析。转换步骤一般还包含数据清洗的过程,数据清洗主要是针对源数据库,对出现二义性、重复、不完整、违反业务或逻辑规则等问题的数据进行相应的清洗操作;在清洗之前需要进行数据质量分析,以找出存在问题的数据,否则数据清洗将无从谈起。数据装载是通过装载工具或自行编写的 SQL 程序将抽取、转换后的结果数据加载到目标数据库中。

5. 数据迁移后的校验

在数据迁移完成后,需要对迁移后的数据进行校验。数据迁移后的校验是对迁移质量的检查,同时数据校验的结果也是判断新系统能否正式启用的重要依据。

可以通过以下两种方式对迁移后的数据进行校验。

(1) 新旧系统查询数据对比检查,通过新旧系统各自的查询工具,对相同指标的数据进行查询,并比较最终的查询结果。

(2) 先将新系统的数据恢复到旧系统迁移前一天的状态,然后将最后一天发生在旧系统上的业务全部补录到新系统,检查有无异常,并和旧系统比较最终产生的结果。

对迁移后的数据进行质量分析,可以通过数据质量检查工具或编写有针对性的检查程序进行。对迁移后数据的校验有别于迁移前历史数据的质量分析,主要是检查指标的不同。迁移后数据校验的指标主要包括以下 5 方面。

(1) 完整性检查:引用的外键是否存在。

(2) 一致性检查:相同含义的数据在不同位置的值是否一致。

(3) 总分平衡检查:如欠税指标的总和与分部门、分户不同数据的合计对比。

(4) 记录条数检查:检查新旧数据库对应的记录条数是否一致。

(5) 特殊样本数据的检查:检查同一样本在新旧数据库中是否一致。

6.2 数据迁移实现技术

数据迁移实现技术的选择是建立在对系统软硬件以及业务系统的各环节的分析基础之上的。目前开放平台系统中可以采用的数据迁移技术根据发起端的不同,可以分为基于主机的迁移方式、备份恢复的迁移方式、基于存储的迁移方式、基于文件系统的迁移方式以及基于数据库的迁移方式等。

6.2.1 基于主机的迁移方式

1. 利用操作系统命令直接复制

该方式利用操作系统命令直接复制要迁移的数据,然后复制到要迁移的目的地,优点是安全可靠,缺点是一般需要脱机迁移。

2. 逻辑卷数据镜像方法

对需要迁移的每个卷都做逻辑卷镜像,适合已经拥有逻辑卷管理器的环境,支持在线迁移。缺点是需要准确获取所有逻辑卷管理(Logical Volume Manager,LVM)配置信息以镜像所有卷,主机层面的相关性强,迁移过程耗用主机的资源多,对业务影响较大。另外,如果同时识别不同厂家的存储,一些系统参数和多路径软件经常不兼容,在线迁移时可能会对生产造成不可知的影响。

6.2.2 备份恢复的迁移方式

数据备份是容灾的基础,是指为防止系统出现操作失误或系统故障导致数据丢失,而将全部或部分数据集合从应用主机的硬盘或阵列复制到其他存储介质的过程。备份恢复的迁移方式通常是利用备份管理软件对数据做备份,然后恢复到目的地,对于联机要求高的环境,可以结合在线备份的方法,然后恢复到目的地。此方式可以有效缩短停机时间窗口,一旦备份完成,数据的迁移过程完全不会影响生产系统。

6.2.3 基于存储的迁移方式

1. 存储虚拟化

通过存储虚拟化技术将数据从源端迁移到目的地,兼容主流的存储设备,支持不同厂商不同品牌存储设备间的迁移和容灾,适合频繁移动数据的大型企业。

2. 盘阵内复制方法

通过盘阵复制软件对数据进行迁移,这是比较好的迁移方法。通常来讲,该方式对业务影响极小,最大的缺点是一般只支持同一厂商的同类产品间复制。

3. 不同盘阵间复制方法

对于两套同系列的磁盘阵列,可以通过阵列之间的数据复制技术实现数据的迁移,如目前 HDS 的 TureCopy、HUR 复制技术,以及 EMC 的 SRDF 技术,都可以实现在两套磁盘阵列之间的数据迁移,并且此种方法不占用主机资源,对应用透明。但是源磁盘阵列和目标磁盘阵列必须是同一厂家同一系列的产品,而且迁移过程对生产系统有一定的性能影响。

6.2.4 基于文件系统的迁移方式

文件系统的复制技术由来已久,常见的 CIFS/NFS 文件共享复制、X-Copy 等都属于文件系统复制技术。这种复制技术简单、快捷,对环境几乎没有复杂要求,可以快速地完成文件系统的整体复制操作。但这种方法存在以下缺点。

（1）以文件为单位，文件发生一个字节的变化，增量复制时都需要重新传送这个文件。

（2）文件属性会在复制之后发生变化，如 Owner 的属性、读写、执行权限等。

6.2.5 基于数据库的迁移方式

1. 同构数据库数据迁移

同构数据库的数据迁移技术是利用数据库自身的备份和恢复功能实现数据的迁移，可以是整个库或单个表。

同构数据库的数据迁移比较简单，且不限操作系统平台，但是这种方法的缺点是在数据迁移过程中迁移的速度取决于主机的读写速度和网络传输速度。

例如，可以在 Hadoop 系统中实现 Hive 数据迁移，其中 Hive 是基于 Hadoop 的一个数据仓库工具，用来进行数据提取、转化、加载，这是一种可以存储、查询和分析存储在 Hadoop 中的大规模数据的机制。Hive 数据仓库工具能将结构化的数据文件映射为一张数据库表，并提供 SQL 查询功能，能将 SQL 语句转换成 MapReduce 任务来执行。

Hive 数据迁移常见步骤如下。

（1）迁移表结构：从旧 Hive 中导出表结构并在新 Hive 中导入表结构。

（2）迁移表数据：首先将 Hive 表数据导出至 HDFS；接着将 HDFS 数据下载至主机中；再将数据压缩并将数据发送至目标 Hive 集群的内网主机中；然后解压数据，将数据上传至 HDFS 中；最后将 HDFS 数据上传至 Hive 表中。

2. 异构数据库数据迁移

异构数据库的数据迁移一般使用第三方软件实现，这种方法适用于纯数据库迁移，并且不需要关注具体的存储过程。如今第三方软件大多提供了不同数据库转换的解决方案，不过无论哪种方式均需对数据库迁移后的数据进行反复的测试。

异构数据库的数据迁移不限操作系统和数据库平台，不过需要大量的时间和费用，特别是专门的定制开发，更需要长时间的测试才能真正投入使用。

1）Navicat Premium

Navicat Premium 是一款数据库管理工具，是一个可多重连线数据库的管理工具，使用 Navicat Premium 可以让操作者快速地在多种数据库系统间传输资料。

图 6-6 显示了使用 Navicat Premium 进行异构数据库的数据迁移。

2）Liquibase

此外，在进行数据库迁移时，也可以使用其他数据库迁移工具，如 Liquibase 或 Flyway 等。Liquibase 是一款开源的数据库迁移工具，是一个用于跟踪、管理和应用数据库变化的数据库重构工具，它将所有数据库的变化（包括结构和数据）都保存在 XML 文件中，便于版本控制。Liquibase 的核心就是用 changeLog 文件记录跟踪数据库更新。Liquibase 支持的 changeLog 格式包括 XML、JSON、YAML 和 SQL。图 6-7 所示为 Liquibase 中的 changeLog 文件，该文件用 databaseChangeLog 标签表示。

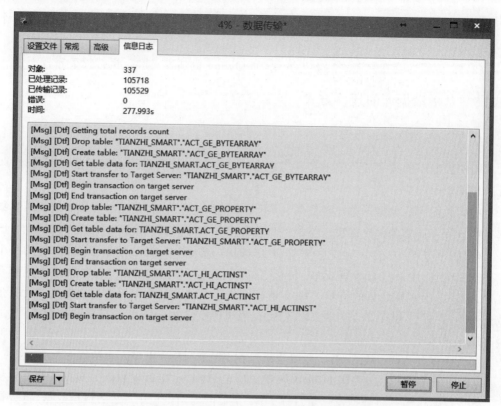

图 6-6 使用 Navicat Premium 进行异构数据库的数据迁移

```xml
<databaseChangeLog xmlns="http://www.liquibase.org/xml/ns/dbchangelog/1
                   xsi:schemaLocation="http://www.liquibase.org/xml/ns/
    <precondition>
        //
    </precondition>
    <changeSet id="initial" author="garfield" context="initial">
        <comment>create the factory table</comment>
        <preConditions onFail="MARK_RAN">
            <not>
                <tableExists tableName="FACTORY" schemaName="public"/>
            </not>
        </preConditions>
        <sql>
            CREATE TABLE FACTORY (
            ID VARCHAR(50) NOT NULL,
            JSON_CONTENT CLOB NOT NULL,
            PRIMARY KEY (ID)
            );
        </sql>
        <rollback>
            DROP TABLE FACTORY;
        </rollback>
    </changeSet>
</databaseChangeLog>
```

图 6-7 Liquibase 中的 changeLog 文件

Liquibase 的特点如下。

（1）不依赖于特定的数据库，因此可以支持各种主流数据库，如 MySQL、PostgreSQL、DB2、Oracle、SQL Server、Sybase、Cache 等。

（2）提供数据库比较功能，比较结果保存在 XML 文件中，基于该 XML 文件可用 Liquibase 轻松部署或升级数据库。

（3）提供变化应用的回滚功能，可按时间、数量或标签（Tag）回滚已应用的变化。通过这种方式，开发人员可轻易地还原数据库至任何时间点的状态。

（4）可生成数据库修改文档（HTML 格式）。

（5）提供数据重构的独立的集成开发环境（Integrated Development Environment，IDE）和 Eclipse 插件。

（6）支持多种运行方式，如命令行、Spring 集成、Maven 插件、Gradle 插件等。

视频讲解

3）Sqoop

Apache 框架 Hadoop 是一个越来越通用的分布式计算环境，主要用来处理大数据。随着云提供商利用这个框架，更多的用户将数据集在 Hadoop 和传统数据库之间转移，能够帮助数据传输的工具变得更加重要。Apache Sqoop 就是这样一款工具，它可以在 Hadoop 和关系型数据库之间转移大量数据。值得注意的是，在使用 Sqoop 前首先要下载并安装，Sqoop 的下载地址为 http://sqoop.apache.org/。

因此，Sqoop 是一个用来将 Hadoop 和关系型数据库中的数据相互转移的工具，可以将一个关系型数据库（如 MySQL、Oracle、Postgres 等）中的数据导入 Hadoop 的 HDFS 中，执行导入时，Sqoop 可以写入 HDFS、Hive 和 HBase。导入分为两步：连接到数据源以收集统计信息，然后触发执行实际导入的 MapReduce 作业。此外，Sqoop 也可以将数据从 Hadoop 系统中抽取出并导出到关系型数据库。

图 6-8 显示了使用 Sqoop 在关系型数据库和 Hadoop 之间实现数据迁移。

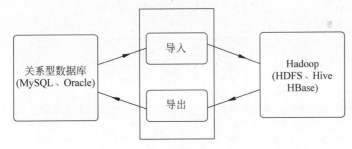

图 6-8　Sqoop 的导入和导出

4）Kettle

视频讲解

Kettle 允许用户管理来自不同数据库的数据，并通过提供一个图形化的用户环境描述用户想做什么，而不是用户想怎么做。图 6-9 显示了 Kettle 连接数据库的界面；图 6-10 显示了 Kettle 对数据库文件的输入和输出的工作流程。

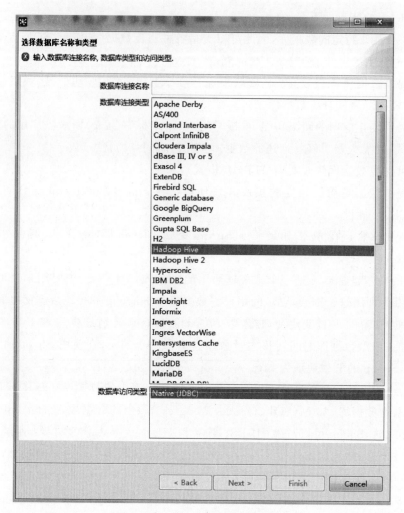

图 6-9   Kettle 连接数据库的界面

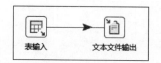

图 6-10   Kettle 对数据库文件的输入和输出的工作流程

6.3   数据迁移实现

6.3.1   数据库安装与使用

1. MySQL 概述

MySQL 是一个小型的关系型数据库管理系统,由于该软件的体积小、运行速度快、操作方便等优点,目前被广泛应用于 Web 上的中小企业网站的后台数据库中。

MySQL 数据库的优点如下。

(1) 体积小、速度快、成本低。

(2) 使用的核心线程是完全多线程的,可以支持多处理器。

(3) 提供了多种语言支持,MySQL 为 C、C++、Python、Java、Perl、PHP、Ruby 等多种编程语言提供了 API,方便访问和使用。

(4) MySQL 支持多种操作系统,可以运行在不同的平台上。

(5) 支持大量数据查询和存储,可以承受大量的并发访问。

(6) 免费开源。

2. MySQL 安装与使用

1) MySQL 的下载

登录 MySQL 的官网 www.mysql.com,单击 DOWNLOADS 按钮,进入下载页面,下载对应操作系统的版本,本章下载的 MySQL 版本是 5.6,下载界面如图 6-11 所示。

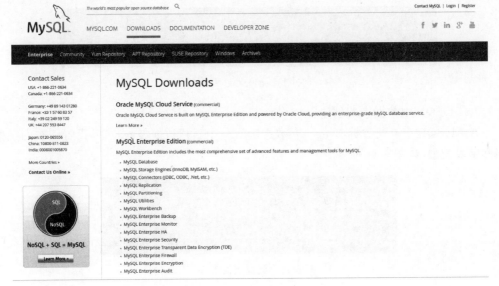

图 6-11 下载 MySQL

2) MySQL 的安装与使用

确保在当前系统中已经安装了 Microsoft.NET Framework 4.0,双击已经下载好的安装文件,即可将 MySQL 安装到本地计算机上。此外,在安装过程中,还需要设置 root 用户的密码,以便今后登录时使用。在本次安装中将该密码设置为空。

在本地计算机安装好 MySQL 后,在 Windows 命令行中输入 net start mysql 命令,即可启动该程序。要进入 MySQL 可执行程序目录,输入 mysql -u root 命令,即可进入 MySQL 的命令行模式,如图 6-12 所示。

要退出命令行模式,在提示符 mysql>后输入 quit 命令即可,如图 6-13 所示。

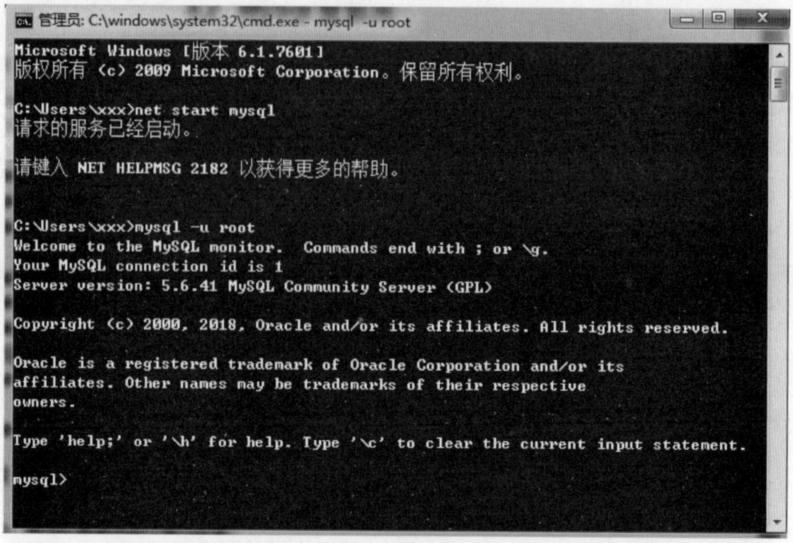

图 6-12　MySQL 的运行

图 6-13　MySQL 的退出

3）MySQL 中数据表的创建

在 MySQL 中新建数据库 test，在数据库 test 中新建数据表 user，并设置该表的字段名和字段类型，如图 6-14 所示。

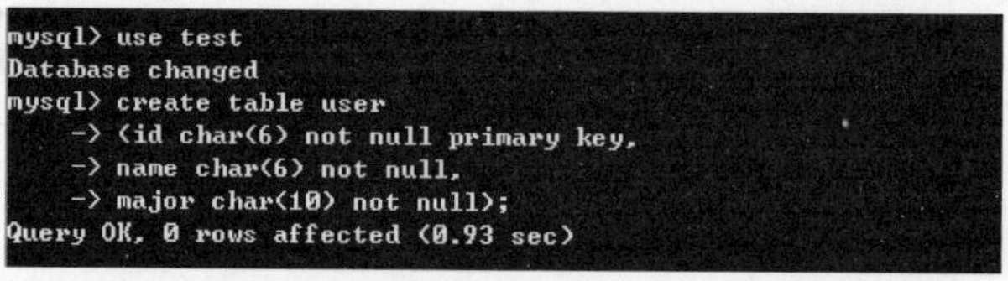

图 6-14　创建数据表 user

查看表结构，如图 6-15 所示。

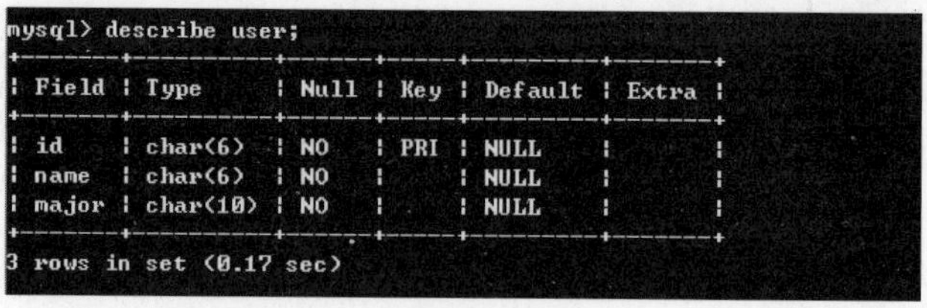

图 6-15　数据表结构

向数据表 user 中添加内容，如图 6-16 所示。

显示数据表 user 中的内容，如图 6-17 所示。

```
mysql> insert into user values('00001','join','computer');
Query OK, 1 row affected (0.23 sec)

mysql> insert into user values('00002','lily','computer');
Query OK, 1 row affected (0.12 sec)

mysql> insert into user values('00003','matt','computer');
Query OK, 1 row affected (0.18 sec)

mysql> insert into user values('00004','ben','computer');
Query OK, 1 row affected (0.09 sec)

mysql> insert into user values('00005','tony','computer');
Query OK, 1 row affected (0.10 sec)
```

图 6-16   向数据表 user 中添加内容

```
mysql> select * from user;

+-------+------+----------+
| id    | name | major    |
+-------+------+----------+
| 00001 | join | computer |
| 00002 | lily | computer |
| 00003 | matt | computer |
| 00004 | ben  | computer |
| 00005 | tony | computer |
+-------+------+----------+
5 rows in set (0.00 sec)
```

图 6-17   显示数据表 user 中的内容

6.3.2   Kettle 数据迁移

【例 6-2】   使用 Kettle 迁移数据表中所有记录。

（1）启动 Kettle 后，新建转换，在"输入"列表中选择
"表输入"步骤，在"输出"列表中选择"文本文件输出"步
骤，分别拖动到右侧工作区中，并建立彼此之间的节点连
接关系，如图 6-18 所示。

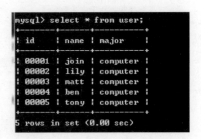

图 6-18   迁移数据表中所有
记录工作流程

（2）双击"表输入"图标，在弹出的"表输入"对话框中单击"新建"按钮，该操作用于连
接数据库，如图 6-19 所示。

图 6-19   新建数据库连接

（3）在弹出的"数据库连接"对话框中，输入连接名称为 hy，连接类型选择为
MySQL，连接方式为 Native（JDBC），在设置中输入主机名称为 localhost，数据库名称为
test，端口号为 3306，用户名为 root，密码为空，如图 6-20 所示。最后单击"确认"按钮，以
确保连接成功。

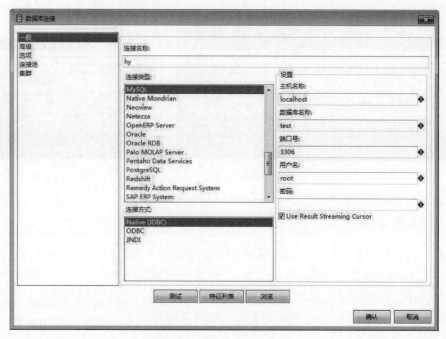

图 6-20　设置数据库连接

（4）数据库连接成功后，双击"表输入"图标，如图 6-21 所示，输入 SQL 语句：

```
SELECT  *
FROM user
```

图 6-21　输入 SQL 语句

该语句获取了 user 数据表中的所有数据。

（5）双击"文本文件输出"图标，设置输出的文本文件目录和名称，如图 6-22 所示。

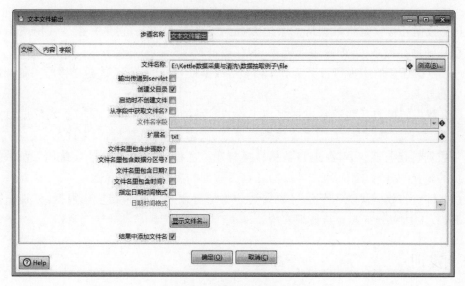

图 6-22 设置文本文件输出

（6）保存该文件，运行转换，在执行结果区域的 Preview data 选项卡中预览迁移结果，如图 6-23 所示。

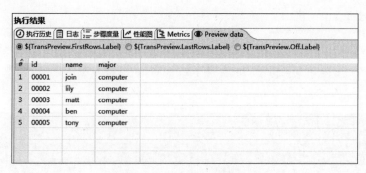

图 6-23 预览迁移结果

（7）打开生成的 file 文件，可以看到 user 数据表中的数据已经被迁移到了文本文件中，如图 6-24 所示。

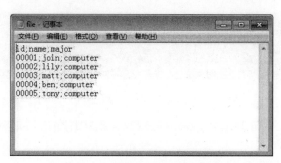

图 6-24 查看生成的文本文件

6.4 本章小结

（1）数据迁移就是将数据从一个地方挪到另外一个地方，它是将很少使用或不用的文件移到辅助存储系统（如磁带或光盘）的存档过程。

（2）数据迁移的实现可以分为3个阶段：数据迁移前的准备、数据迁移的实施和数据迁移后的校验。

（3）数据转换与迁移通常包括多项工作：旧系统数据字典整理、旧系统数据质量分析、新系统数据字典整理、新旧系统数据差异分析、建立新旧系统数据之间的映射关系、开发部署数据转换与迁移程序、制订数据转换与迁移过程中的应急方案、实施旧系统数据到新系统的转换与迁移工作、检查转换与迁移后数据的完整性与正确性。

（4）目前的数据清洗主要是将数据划分为结构化数据和非结构化数据，分别采用传统的 ETL 工具和分布式并行处理实现。

6.5 实训

1. 实训目的

通过本章实训了解数据迁移的特点，能进行简单的与数据迁移有关的操作。

2. 实训内容

（1）在 MySQL 中建立数据库 test，新建表 xs，在表 xs 中建立字段 xuehao、xingming、zhuanye、xingbie 和 chengji，将字段 xuehao 设置为主键，并输入数据，如图 6-25和 6-26 所示。

Field	Type	Null	Key	Default	Extra
xuehao	char(6)	NO	PRI	NULL	
xingming	char(6)	NO		NULL	
zhuanye	char(10)	YES		NULL	
xingbie	tinyint(1)	NO		1	
chengji	tinyint(1)	YES		NULL	

图 6-25　在 MySQL 中新建表并新建字段

xuehao	xingming	zhuanye	xingbie	chengji
001	cheng	jisuanji	1	85
002	leslie	jisuanji	1	99
003	tom	jisuanji	1	71

图 6-26　在 MySQL 中新建表并输入数据

（2）运行 Kettle，新建转换，将"表输入"和"文本文件输出"步骤拖到工作区中，并建立连接。

（3）双击"表输入"图标，在弹出的对话框中单击"编辑"按钮，建立 Kettle 与 MySQL 数据库的连接，设置完成以后可以单击"测试"按钮，查看连接状况，如图 6-27 所示。

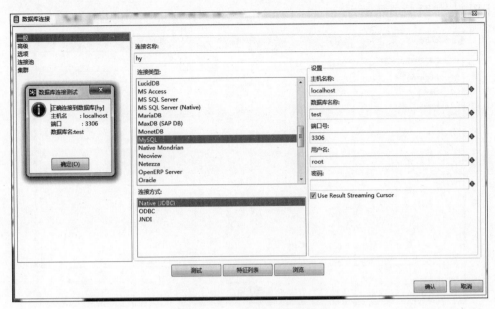

图 6-27　连接数据库并测试

值得注意的是，如果显示无法建立连接，有可能是没有安装对应的数据库链接驱动，需要去官网下载 mysql-connector-java-5.1.46-bin.jar 文件（对应不同版本有不同的文件）。

（4）在"表输入"对话框中的 SQL 输入框中输入查询语句：SELECT xingming FROM xs WHERE chengji>80，查找成绩大于 80 分的学生姓名，并单击"确定"按钮，如图 6-28 所示。

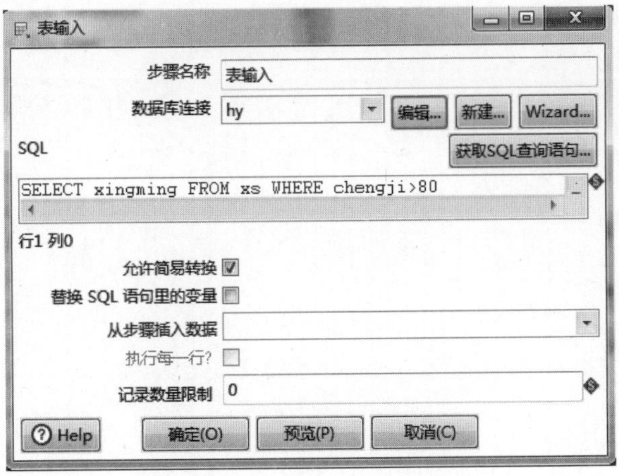

图 6-28　输入 SQL 语句

（5）保存该文件，运行转换。右击"文本文件输出"图标，在弹出的快捷菜单中选择 Preview，在弹出的对话框中选择"文本文件输出"选项，并单击"快读启动"按钮，即可查看运行结果，如图 6-29 所示。

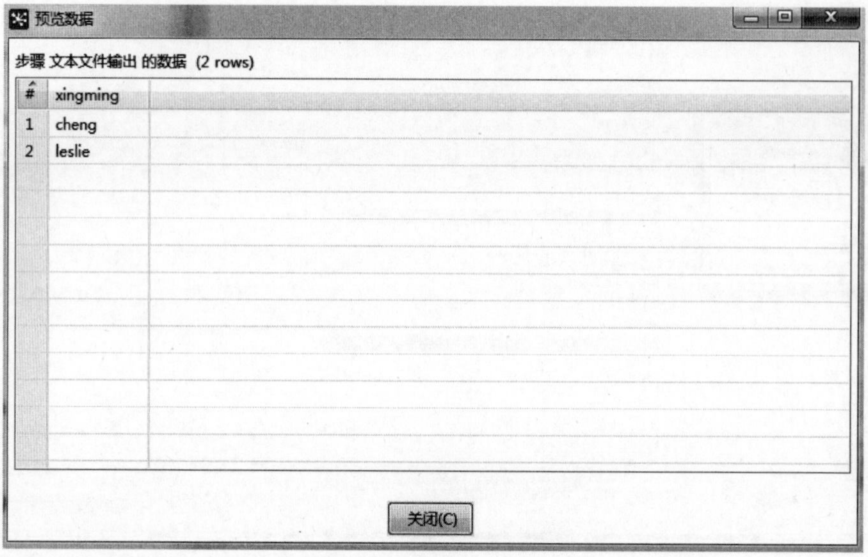

图 6-29　查看输出结果

习题 6

（1）什么是数据迁移？

（2）数据迁移有哪些过程？

（3）数据迁移有哪些方法？

（4）如何使用 Kettle 实现数据迁移？

第 7 章

文本数据处理

本章学习目标

- 了解文本分词的含义
- 了解中文分词常见算法
- 了解分词工具
- 了解文本数据处理的常用方法
- 了解 jieba 库的功能
- 掌握 jieba 库的基本使用方法

本章先介绍文本分词的含义,再介绍中文分词常见算法,接着介绍文本数据处理的常用方法,最后介绍 jieba 库的功能及使用方法。

7.1 文本分词

1. 文本分词简介

在进行文本挖掘的时候,首先要做的预处理就是分词。文本分词是将字符串划分为有意义的单词的过程,如词语、句子或主题等。英文单词天然有空格隔开,容易按照空格分词,但是有时候也需要把多个单词作为一个分词,如 New York 等一些名词,需要作为一个词看待。而由于中文没有空格,分词就是一个需要专门去解决的问题了。

中文分词也称为切分,是将中文文本分割成若干个独立、有意义的基本单位的过程。中文分词对于搜索引擎,最重要的并不是找到所有结果,因为在上百亿的网页中找到所有结果没有太大的意义,没有人能看得完,最重要的是把最相关的结果排在最前面,这也称为相关度排序。中文分词准确与否,常常直接影响到对搜索结果的相关度排序。

不过由于中文是一种十分复杂的语言,让计算机理解中文语言更是困难。因此,在中文分词过程中,有两大难题一直没有完全突破,一是歧义识别,二是新词识别。

歧义识别中的歧义是指同样的一句话,可能有两种或更多的切分方法。目前主要存在的歧义有两种:交集型歧义和组合型歧义。

新词识别也称为未登录词识别,未登录词是指在分词词典中没有收录,但又确实能称为词的那些词,其中最典型的是人名。

2. 中文分词方法

现有的中文分词方法可分为三大类:基于字符串匹配的分词方法、基于理解的分词方法和基于统计的分词方法。按照是否与词性标注过程相结合,又可以分为单纯分词方法和分词与标注相结合的一体化方法。

1) 基于字符串匹配的分词方法

这种方法又叫作机械分词方法,它是按照一定的策略将待分析的汉字串与一个"充分大的"机器词典中的词条进行匹配,若在词典中找到某个字符串,则匹配成功(识别出一个词)。按照扫描方向的不同,可以分为正向匹配和逆向匹配;按照不同长度优先匹配的情况,可以分为最大(最长)匹配和最小(最短)匹配。常用的几种机械分词方法如下。

(1) 正向最大匹配法(由左到右的方向);

(2) 逆向最大匹配法(由右到左的方向);

(3) 最少切分(使每一句中切出的词数最小);

(4) 双向最大匹配法(进行由左到右、由右到左两次扫描)。

基于字符串匹配的分词方法的优点是速度快,时间复杂度为 $O(n)$,实现简单,效果较好;缺点是对歧义和未登录词处理不好。

值得注意的是,实际使用的分词系统都是把机械分词作为一种初分手段,还需要利用各种其他语言信息进一步提高切分的准确率。

2) 基于理解的分词方法

这种分词方法是通过让计算机模拟人对句子的理解,达到识别词的效果。其基本思想就是在分词的同时进行句法、语义分析,利用句法信息和语义信息处理歧义现象。它通常包括 3 部分:分词子系统、句法语义子系统、总控部分。在总控部分的协调下,分词子系统可以获得有关词、句子等的句法和语义信息对分词歧义进行判断,即模拟了人对句子的理解过程。这种分词方法需要使用大量的语言知识和信息。由于汉语语言知识的笼统、复杂性,难以将各种语言信息组织成机器可直接读取的形式,因此目前基于理解的分词系统还处在试验阶段。

3) 基于统计的分词方法

基于统计的分词方法的基本原理是根据字符串在语料库中出现的统计频率决定其是否构成词。词是字的组合,相邻的字同时出现的次数越多,就越有可能构成一个词。因此,字与字相邻共现的频率或概率能够较好地反映它们成为词的可信度。

如今,随着大规模语料库的建立以及机器学习方法的研究和发展,基于统计的分词方法已渐渐成为了主流方法。

目前主要的统计模型有 N 元文法模型(N-gram)、隐马尔可夫模型(Hidden Markov Model,HMM)、最大熵模型(Maximum Entropy,ME)和条件随机场(Conditional Random Fields,CRF)等。

(1) N 元文法模型。该模型基于这样一种假设,第 N 个词的出现只与前面 $N-1$ 个词相关,而与其他词都不相关,因此整句话的概率就是各个词出现概率的乘积。

(2) 隐马尔可夫模型。该模型是一个统计模型,用来描述一个含有隐含未知参数的马尔可夫过程。其难点是从可观察的参数中确定该过程的隐含参数,然后利用这些参数做进一步的分析,如模式识别。隐马尔可夫模型中的变量有两组。一组为状态变量$\{y_1, y_2, \cdots, y_n\}$,其中 y_i 表示第 i 时刻所处的状态,这些状态是隐藏的、不可观测的,因此又称为隐变量,隐变量的取值通常是离散的;另一组为观测变量$\{x_1, x_2, \cdots, x_n\}$,其中 x_i 表示第 i 时刻的观测值。在任意时刻,观测变量的取值只与该时刻的状态变量有关,即 x_i 由 y_i 决定。而当前状态只与前一时刻的状态有关,与其他状态无关。一般地,一个 HMM 可以表示为 $u=(S, K, A, B, \pi)$。其中,S 为状态集合;K 为输出符号,也就是观察集合;A 为状态转移概率;B 为符号发射概率;π 为初始状态的概率分布。

(3) 最大熵模型。最大熵模型认为学习概率模型时,在所有可能的概率模型中,熵最大的模型是最好的模型。若模型要满足一些约束条件时,则最大熵原理就是在满足已知条件的概率模型集合中,找到熵最大的模型。因此,最大熵模型指出,在预测一个样本或一个事件的概率分布时,首先应当满足所有的约束条件,进而对未知的情况不做任何主观假设。在这种情况下,概率分布最均匀,预测的风险最小,因此得到的概率分布的熵最大。

(4) 条件随机场。条件随机场其实是隐马尔可夫模型的一次升级版本,是一种鉴别式概率模型,是随机场的一种,常用于标注或分析序列资料,如自然语言文字或生物序列。其学习方法包括极大似然估计和正则化的极大似然估计,具体的优化实现算法有改进的迭代尺度法(Improved Iterative Scaling,IIS)、梯度下降法和拟牛顿法等。和隐马尔可夫模型一样,条件随机场也是基于学习变量的状态进行状态分析的。条件随机场概率分布模型 $P(Y|X)$,表示的是给定一组输入随机变量 X 的条件下另一组输出随机变量 Y 的马尔可夫随机场,也就是说,CRF 的特点是假设输出随机变量构成马尔可夫随机场。因此,条件随机场可看作是最大熵马尔可夫模型在标注问题上的推广。

例如,对应文本:

text =“深夜的穆赫兰道发生一桩车祸,女子丽塔在车祸中失忆了”

CRF 分词结果如下。

深夜/的/穆赫兰道/发生/一/桩/车祸/,/女子/丽塔/在/车祸/中/失忆/了

HMM 分词结果如下。

深夜/的/穆赫兰道/发生/一桩/车祸/,/女子丽塔/在/车祸/中/失忆/了

可以看出,CRF 在处理未登录词时比 HMM 的效果要好一些。

3. 分词工具介绍

Python 中常用的分词包有 jieba 分词、SnowNLP、THULAC、NLPIR、NLTK 等。

视频讲解

(1) jieba 分词。jieba 分词是国内使用人数最多的中文分词工具。该工具可以对中文文本进行分词、词性标注、关键词抽取等操作，并且支持自定义词典。

(2) SnowNLP。SnowNLP 是一个 Python 写的类库，可以方便地处理中文文本内容，该库是受到了 TextBlob 的启发而写的。SnowNLP 的最大特点是特别容易上手，用其处理中文文本时能够得到不少有意思的结果，但不少功能比较简单，还有待进一步完善。

(3) THULAC。THULAC 是由清华大学研制的一套中文词法分析工具包，具有中文分词和词性标注功能。

(4) NLPIR。NLPIR 分词系统是由北京理工大学研发的中文分词系统，经过 10 余年的不断完善，拥有丰富的功能和强大的性能。NLPIR 是一整套对原始文本集进行处理和加工的软件，提供了中间件处理效果的可视化展示，也可以作为小规模数据的处理加工工具。主要功能包括：中文分词、词性标注、命名实体识别、用户词典、新词发现与关键词提取等。

(5) NLTK。NLTK 是由宾夕法尼亚大学计算机和信息科学系使用 Python 语言实现的一种自然语言工具包，其在收集的大量公开数据集、模型上提供了全面、易用的接口，涵盖了分词、词性标注（Part-of-Speech Tag，POS-Tag）、命名实体识别（Named Entity Recognition，NER）、句法分析（Syntactic Parse）等各项自然语言处理（Natural Language Processing，NLP）领域的功能。

7.2　文本数据处理方法

1. 文本数据处理的意义

机器学习中，最基础也最耗时的一项工作就是数据预处理。如何将海量数据进行预处理，进而得到数据处理和机器学习阶段所需要的有效素材是一项非常重要的工作。而实现任何程度或级别的人工智能所必需的最大突破之一就是拥有可以处理文本数据的机器。全世界文本数据的数量在最近几年已经实现指数级增长，这也迫切需要人们从文本数据中挖掘新知识、新观点。如今，从社交媒体分析到风险管理和网络犯罪保护，处理文本数据已经变得前所未有的重要。

2. 文本数据处理的常用方法

视频讲解

处理文本数据的常用方法如下。

(1) 去除数字。数字在文本分析中一般没有意义，所以在进一步分析前需要去除它们。

(2) 去除链接地址。链接地址显然也需要在进一步分析前被去掉，可以使用正则表达式达到这个目的。

(3) 去除停用词。停用词是在每个句子中都很常见，但对分析没有意义的词，如英语中的 is,but,shall,by,汉语中的"的""是""但是"等。语料中的这些词可以通过匹配文本处理程序包中的停用词列表去除。

（4）词干化。词干化指的是将单词的派生形式缩减为其词干的过程,已经有许多词干化的方法。词干化主要使用在英文中,如 programming,programmer,programmed,programmable 等词可以词干化为 program,目的是将含义相同、形式不同的词归并,方便词频统计。

（5）后缀丢弃。后缀丢弃算法可以丢弃一个单词的后缀部分。例如,上面提到的 programming,programmer, programmed, programmable 等词,可以词干化为其词根 program,但像 rescuing,rescue,rescued 这样的词则被词干化为 rescu,这并非一个单词或词根,而是将后缀丢弃后得到的形式。

（6）词形还原。词形还原算法(Lemmatisation Algorithm)将语料中的每个词还原为其原形,或者能表达完整语义的一般形式,如 better 还原为 good,running 还原为 walk 等。该算法的实现基于对文本的理解、词性标注和对应语言的词库等。

（7）N-gram 分析。N-gram 分析指的是将字符串按一定最小单元分割为长度为 N 的连续子串,并保留最有意义的子串,以方便后续分析。例如,当 $N=1$ 时(称为 Unigram),以单个字母为最小单元,如单词 flood 可以被分割为 f,l,o,o,d。

（8）去除标点符号。标点符号显然对文本分析没有帮助,因此需要去除。

（9）去除空白字符。可以使用正则表达式去掉词前后的空白字符,只保留词本身。

（10）去除特殊字符。在进行了去除空白字符、数字和标点符号等操作后,一些形式特殊的链接地址等额外内容可能仍然未被去除,需要对处理后的语料再进行一次检查,并用正则表达式去除它们。

7.3 jieba 分词的应用

7.3.1 jieba 概述

1. jieba 的安装

视频讲解

为了能够在 Python 3 中显示中文字符,还需要下载安装另外一个库——jieba,该库也是一个 Python 第三方库,用于中文分词。

安装 jieba 的命令如下。

```
pip install jieba
```

在下载并安装 jieba 库后,在 Windows 7 命令提示符中输入以下命令。

```
import jieba
```

如果运行没有报错,则表示已经成功安装 jieba 库,如图 7-1 所示。

```
>>> import jieba
>>>
```

图 7-1   成功安装并导入 jieba 库

2. jieba 的算法与模式

jieba 涉及以下算法。

(1) 基于 Trie 树结构实现高效的词图扫描,生成句子中汉字所有可能成词情况所构成的有向无环图(Direct Acyclic Graph,DAG)。

(2) 采用动态规划查找最大概率路径,找出基于词频的最大切分组合。

(3) 对于未登录词,采用基于汉字成词能力的 HMM 模型,使用了 Viterbi 算法。

jieba 支持的 3 种分词模式如下。

(1) 精确模式:试图将句子最精确地切开,适合文本分析,并且不存在冗余。

(2) 全模式:把句子中所有可以成词的词语都扫描出来,速度非常快,但是不能解决歧义问题,存在冗余。

(3) 搜索引擎模式:在精确模式的基础上,对长词再次切分,提高召回率,适合用于搜索引擎分词,有冗余。

表 7-1 列出了 jieba 中的常用函数。

表 7-1   jieba 中的常用函数

函 数 名	描 述
jieba. lcut()	返回一个列表类型的分词结果,没有冗余
jieba. lcut(s,cut_all＝True)	返回一个列表类型的分词结果,有冗余
jieba. lcut_for_seach(s)	返回一个列表类型的分词结果,有冗余
jieba. add_word(w)	向分词词典增加新词 w

7.3.2   jieba 应用实例

1. 精确模式、全模式与搜索引擎模式的对比

【例 7-1】 使用 jieba 运行精确模式、全模式和搜索引擎模式。

```
import jieba
seg_str = "好好学习,天天向上。"
print("/".join(jieba.lcut(seg_str)))                ♯精确模式,返回一个列表类型的结果
print("/".join(jieba.lcut(seg_str, cut_all = True))) ♯全模式,使用 'cut_all = True' 指定
print("/".join(jieba.lcut_for_search(seg_str)))     ♯搜索引擎模式
```

运行结果如图 7-2 所示。

```
Python 3.7.0 (v3.7.0:1bf9cc5093, Jun 27 2018, 04:59:51) [MSC v.1914 64 bit (AMD6
4)] on win32
Type "copyright", "credits" or "license()" for more information.
>>>
= RESTART: D:\Users\xxx\AppData\Local\Programs\Python\Python37\分词\jieba3.py =
Building prefix dict from the default dictionary ...
Loading model from cache C:\Users\xxx\AppData\Local\Temp\jieba.cache
Loading model cost 0.869 seconds.
Prefix dict has been built succesfully.
好好学习/，/天天向上/。
好好/好好学/好好学习/好学/学习///天天/天天向上/向上//
好好/好学/学习/好好学/好好学习/，/天天/向上/天天向上/。
>>>
```

图 7-2 使用 jieba 运行精确模式、全模式和搜索引擎模式

2. jieba 中的词性标注与关键词提取

【例 7-2】 使用 jieba 中的词性标注和关键词提取。

```
import jieba
import jieba.posseg as pseg                    # 词性标注
import jieba.analyse as anls                   # 关键词提取
seg_list = jieba.lcut_for_search("他毕业于重庆大学机电系,后来一直在重庆机电科学研究
所工作")
print("【返回列表】: {0}".format(seg_list))
```

运行结果如图 7-3 所示。

```
= RESTART: D:\Users\xxx\AppData\Local\Programs\Python\Python37\分词\jieba2.
py =
Building prefix dict from the default dictionary ...
Loading model from cache C:\Users\xxx\AppData\Local\Temp\jieba.cache
Loading model cost 0.884 seconds.
Prefix dict has been built succesfully.
【返回列表】: ['他', '毕业', '于', '重庆', '庆大', '大学', '重庆大学', '机
电', '系', ',', '后来', '一直', '在', '重庆', '机电', '科学', '研究', '研
究所', '工作']
>>>
```

图 7-3 使用 jieba 中的词性标注和关键词提取

3. jieba 中的 HMM 模型

【例 7-3】 使用 jieba 中的 HMM 模型。

```
import jieba
import jieba.posseg as pseg                    # 词性标注
import jieba.analyse as anls                   # 关键词提取
seg_list = jieba.cut("他来到了清华学研大厦")     # 默认精确模式和启用 HMM
print("【识别新词】: " + "/".join(seg_list))
```

运行结果如图 7-4 所示。

```
= RESTART: D:\Users\xxx\AppData\Local\Programs\Python\Python37\分词\HMM 模
型.py =
Building prefix dict from the default dictionary ...
Loading model from cache C:\Users\xxx\AppData\Local\Temp\jieba.cache
Loading model cost 0.882 seconds.
Prefix dict has been built succesfully.
【识别新词】: 他/ 来到/ 了/ 清华/ 学研/ 大厦
>>>
```

图 7-4 使用 jieba 中的 HMM 模型

4. 增加新词

【例 7-4】 使用 jieba 向分词词典增加新词,如图 7-5 所示。

```
C:\Users\xxx>python
Python 3.7.0 (v3.7.0:1bf9cc5093, Jun 27 2018, 04:59:51) [MSC v.1914 64 bit (AMD6
4)] on win32
Type "help", "copyright", "credits" or "license" for more information.
>>> import jieba
>>> jieba.lcut('李晓明是创新办的主任')
Building prefix dict from the default dictionary ...
Loading model from cache C:\Users\xxx\AppData\Local\Temp\jieba.cache
Loading model cost 0.904 seconds.
Prefix dict has been built succesfully.
['李晓明', '是', '创新', '办', '的', '主任']
>>> jieba.add_word('创新办')
>>> jieba.lcut('李晓明是创新办的主任')
['李晓明', '是', '创新办', '的', '主任']
>>>
```

图 7-5 使用 jieba 向分词词典增加新词

从例 7-4 可以看出,最开始 jieba 无法识别单词"创新办",而通过语句 jieba.add_word('创新办')把新词"创新办"加入词典以后,jieba 就可以识别该词语了。

5. 统计词频

【例 7-5】 使用 jieba 统计文本的词频。

```python
import jieba
# 导入 9.txt 文本
txt = open("9.txt", "r", encoding = 'utf - 8').read()
# 使用精确模式对文本进行分词
words = jieba.lcut(txt)
# 通过键值对的形式存储词语及其出现的次数
counts = {}
for word in words:
    # 单个词语不计算在内
    if len(word) == 1:
        continue
    else:
        # 遍历所有词语,每出现一次其对应的值加 1
        counts[word] = counts.get(word, 0) + 1
items = list(counts.items())
# 根据词语出现的次数进行从大到小排序
items.sort(key = lambda x: x[1], reverse = True)
for i in range(3):
    word, count = items[i]
print("{0:<5}{1:>5}".format(word, count))
```

运行结果如图 7-6 所示。

其中,9.txt 部分内容如图 7-7 所示。

```
Python 3.7.0 (v3.7.0:1bf9cc5093, Jun 27 2018, 04:59:51) [MSC v.1914 64 bit (AMD6
4)] on win32
Type "copyright", "credits" or "license()" for more information.
>>>
= RESTART: D:\Users\xxx\AppData\Local\Programs\Python\Python37\分词\jieba6.py =
Building prefix dict from the default dictionary ...
Loading model from cache C:\Users\xxx\AppData\Local\Temp\jieba.cache
Loading model cost 0.886 seconds.
Prefix dict has been succesfully.
宝玉        44
黛玉        19
贾母        19
>>>
```

图 7-6 使用 jieba 统计文本的词频

《红楼梦》开篇以神话形式介绍作品的由来,说女娲补天之石剩一块未用,弃在大荒山无稽崖青埂峰下。茫茫大士、渺渺真人经过此地,施法使其有了灵性,携带下凡。不知过了几世几劫,空空道人路过,见石上刻录了一段故事,便受石之托,抄写下来传世。辗转传到曹雪芹手中,经他批阅十载,增删五次而成书。

书中故事起于甄士隐。元宵之夜,甄士隐的女儿甄英莲被拐走,不久葫芦庙失火,甄家被烧毁。甄带妻子投奔岳父,岳父卑鄙贪财,甄士隐贫病交攻,走投无路。后遇一跛足道人,听其《好了歌》后,为《好了歌》解注。经道人指点,士隐醒悟随道人出家。

贾雨村到盐政林如海家教林黛玉读书。林如海的岳母贾母因黛玉丧母,要接黛玉去身边。黛玉进荣国府,除外祖母外,还见了大舅母,即贾赦之妻邢夫人,二舅母,即贾政之妻王夫人,年轻而管理家政的王夫人侄女、贾敏儿子贾琏之妻王熙凤,以及贾迎春、贾探春、贾惜春和衔玉而生的贾宝玉。宝黛二人初见有似曾相识之感,宝玉因见表妹没有玉,认为玉不识人,便砸自己的通灵宝玉,惹起一场不快。贾雨村在应天府审案时,发现英莲被拐卖,薛蟠与母亲、妹妹薛宝钗一同到京都荣国府住下。宁国府梅花盛开,贾珍妻尤氏请贾母等赏玩。

图 7-7 9.txt 部分内容

7.4 本章小结

(1) 在进行文本挖掘的时候,首先要做的预处理就是分词。文本分词是将字符串划分为有意义的单词的过程,如词语、句子或主题等。

(2) 现有的中文分词算法可分为三大类: 基于字符串匹配的分词方法、基于理解的分词方法和基于统计的分词方法。

(3) Python 中常用的分词包有 jieba 分词、SnowNLP、THULAC、NLPIR、NLTK 等。

(4) 为了能够在 Python 3 中显示中文字符,还需要下载安装另外一个库——jieba,该库也是一个 Python 第三方库,用于中文分词。

(5) jieba 支持的 3 种分词模式为精确模式、全模式和搜索引擎模式。

7.5 实训

1. 实训目的

通过本章实训了解文本处理的特点,能进行简单的与文本处理有关的操作。

2. 实训内容

使用 jieba 统计词频,代码如下。

```python
import jieba
import re
from collections import Counter
cut_words = ""
for line in open('14.txt',encoding = 'utf - 8'):
    line.strip('\n')
    line = re.sub("[A - Za - z0 - 9\: \·\—\,\。\"\"]", "", line)
    seg_list = jieba.cut(line,cut_all = False)
    cut_words += (" ".join(seg_list))
all_words = cut_words.split()
print(all_words)
c = Counter()
for x in all_words:
    if len(x)> 1 and x != '\r\n':
        c[x] += 1
print('\n 词频统计结果：')
for (k,v) in c.most_common(2):  # 输出词频最高的前两个词
    print("%s:%d"%(k,v))
```

运行结果如图 7-8 所示。

图 7-8　使用 jieba 统计词频

14.txt 内容如图 7-9 所示。

33 岁的罗子君全职太太已做到资深，每天儿子上学，老公上班，阿姨做家务，日子无聊却安逸。若不是丈夫突然提出离婚，她就打算这样四体不勤地过下去。多年圈养在家，如今毫无工作经验的中年弃妇闯入社会，还拖个孩子，太太的矜持傲气只得化作底层职员的殷勤忍耐，累死累活挣点钱，方知生活之难。然而生活给子君扒了层皮，却也逼出了她的骨气。罗子君在闺蜜唐晶和贺涵鼎力相助下艰难转身，从家庭主妇变为职业女性，焕发出前所未有的独立自信之美。此间唐晶与贺涵因为婚姻观的差异分手，唐晶远走他乡，而子君与贺涵不知不觉爱上了对方。然而唐晶因生病很快回来，想与贺涵重新在一起，子君与贺涵刚刚萌发的爱情遭遇了道义与友情的考验。几番人性的挣扎，三人终于坦然面对自己的情感，勇敢面对爱情。亏了这次离婚，让子君看透前半生，重新找回自己，多活了一辈子。

图 7-9　14.txt 内容

习题 7

（1）什么是中文分词？

（2）现有的中文分词方法可分为哪几大类？

（3）jieba 有哪几种分词模式？

第 8 章

Python数据清洗

本章学习目标
- 了解 NumPy
- 了解 Pandas
- 了解 Python 下 NumPy、Pandas 和 matplotlib 的安装及使用
- 掌握 Python 数据清洗的实现

本章先介绍 Python 下 NumPy、Pandas 和 matplotlib 的特点，再介绍它们的使用方法，最后介绍 Pandas 中数据清洗的实现。

8.1 Python 数据清洗概述

8.1.1 Python 数据清洗相关库

1. NumPy

1）NumPy 介绍

NumPy 是 Python 中科学计算的第三方库，代表 Numeric Python。它提供多维数组对象、多种派生对象（如掩码数组、矩阵）以及用于快速操作数组的函数和 API，包括数学、逻辑、数组形状变换、排序、选择、I/O、离散傅里叶变换、基本线性代数、基本统计运算、随机模拟等。NumPy 最重要的一个特点是 N 维数组对象 ndarray，数组（ndarray）是一系列相同类型数据的集合，元素可用从零开始的索引访问。

2）NumPy 特点

NumPy 库具有以下特点。

（1）NumPy 最核心的部分是 ndarray 对象。它封装了同构数据类型的 n 维数组，它的功能将通过演示代码的形式呈现。

（2）在数组中所有元素的类型必须一致，且在内存中占有相同的大小。

（3）数组元素可以使用索引描述，索引序号从 0 开始。

（4）NumPy 数组的维数称为秩（Rank），一维数组的秩为 1，二维数组的秩为 2，以此类推。在 NumPy 中，每个线性的数组称为是一个轴（Axes），秩其实是描述轴的数量。

值得注意的是，NumPy 数组和标准 Python 序列之间有几个重要区别。

（1）NumPy 数组在创建时就会有一个固定的尺寸，这一点和 Python 中的 list 数据类型是不同的。

（2）在数据量较大时，使用 NumPy 进行高级数据运算和其他类型的操作是更加方便的。通常情况下，这样的操作比使用 Python 的内置序列更有效，执行代码更少。

2. Pandas

1）Pandas 介绍

Pandas 是 Python 中的一个数据分析与清洗的库，Pandas 库是基于 NumPy 库构建的。Pandas 库中包含了大量标准数据模型，并提供了高效地操作大型数据集所需的工具，以及大量快速便捷地处理数据的函数和方法，使以 NumPy 为中心的应用变得十分简单。

Pandas 最早作为金融数据分析工具被开发出来，在经过多年发展与完善之后，目前已经广泛应用于大数据分析的各个领域中。

2）Pandas 特点

（1）带有标签的数据结构，Pandas 库主要围绕 Series 类型（一维）和 DataFrame 类型（二维）这两种数据结构。

（2）允许简单索引和多级索引。

（3）轻松处理浮点数据中的缺失数据（以 NaN 表示）和非浮点数据。

（4）功能强大，可以对数据实现拆分、聚合和转换。

（5）可以轻松地将其他 Python 和 NumPy 数据结构中的不同索引的数据转换为 DataFrame 对象。

（6）基于智能标签的切片，花式索引和大型数据集的子集。

（7）直观地合并和连接数据集。

（8）数据集灵活的重塑和旋转。

8.1.2 Python 数据清洗库的安装

1. NumPy 安装

本节以 Windows 7 为例，讲述 Python 3.7 中 NumPy 库的安装过程。在 Windows 中进入命令提示符后，直接运行 pip install numpy 命令即可完成安装。安装完成后，输入 import numpy，如果没有报错则表示安装成功。图 8-1 显示了 NumPy 库已成功安装。

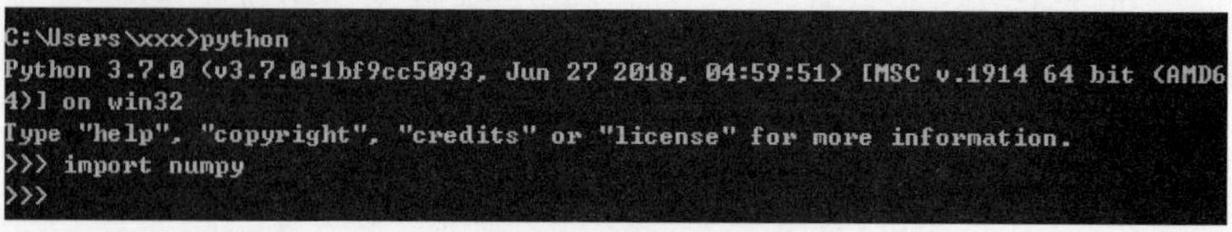

图 8-1 NumPy 库成功安装

在实际运行中,建议在引用 NumPy 库时可以输入以下代码。

```
import numpy as np
```

用 np 代替 numpy,以提高 Python 中代码的可读性和可用性。

2. Pandas 安装

因为 Pandas 是 Python 的第三方库,所以使用前需要安装,直接使用以下命令安装。

```
pip install pandas
```

该命令会自动安装 Pandas 以及相关组件。

安装好以后,可以在命令行中输入查询命令 pip list,该命令可查看 Pandas 库是否正确安装,如图 8-2 所示。

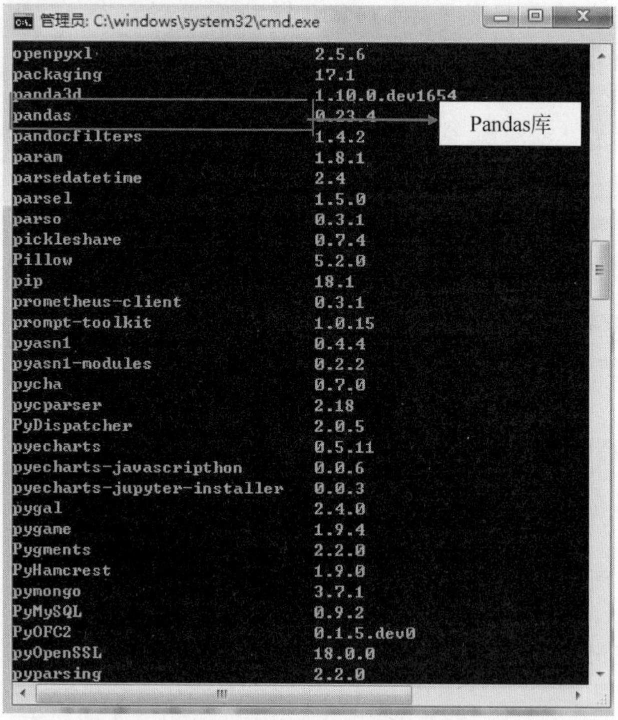

图 8-2 Pandas 库的安装

当在计算机中成功安装了 Pandas 库后,即可通过在 Python 中调用该库实现数据的分析与清洗。

在使用 Pandas 库时,可以直接导入,命令为 import pandas,并可以在后续的代码中将该库简写为 pd。

3. matplotlib 库安装

此外,在进行数据清洗时,有时为了方便展示数据,还需要用到 matplotlib 库。该库是一个 Python 的 2D 绘图库,它以各种硬拷贝格式和跨平台的交互式环境生成出版质量级别的图形,在使用 matplotlib 之前,首先要将其安装在系统中。安装命令如下。

```
pip install matplotlib
```

在安装完 matplotlib 库后,可在 Python 环境中测试。输入以下代码,如不报错,则表示 matplotlib 库安装成功。

```
import matplotlib
import matplotlib.pyplot as plt
```

图 8-3 所示为在 Python 环境中已正确安装了 matplotlib 库。

```
C:\Users\xxx>python
Python 3.7.0 (v3.7.0:1bf9cc5093, Jun 27 2018, 04:59:51) [MSC v.1914 64 bit (AMD6
4)] on win32
Type "help", "copyright", "credits" or "license" for more information.
>>> import matplotlib
>>> import matplotlib.pyplot as plt
>>>
```

图 8-3 在 Python 环境中已正确安装了 matplotlib 库

8.2 NumPy 使用

8.2.1 数组的创建与使用

视频讲解

1. 数组的创建

在 NumPy 库中创建数组可以使用以下语句。

```
numpy.array
```

该语句表示通过引入 NumPy 库创建了一个 ndarray 对象。

【例 8-1】 创建数组对象。

```
import numpy as np
a = np.array([1,2,3])
print (a)
```

该例首先引入了 NumPy 库,接着定义了一个一维数组 a,最后将数组输出显示。运行结果如图 8-4 所示。

```
[1 2 3]
>>>
```

图 8-4　一维数组的定义与显示

在创建数组时,可以加入参数,如下所示。

```
numpy.array(object, dtype = None, copy = True, order = None, subok = False, ndmin = 0)
```

参数具体含义如表 8-1 所示。

表 8-1　创建数组的参数

参 数 名 称	参 数 含 义
object	任何暴露数组接口方法的对象都会返回一个数组或任何(嵌套)序列
dtype	数组的所需数据类型,可选
copy	可选,默认为 True,对象是否被复制
order	C(按行)、F(按列)或 A(任意,默认)
subok	默认情况下,返回的数组被强制为基类数组。如果为 True,则返回子类
ndmin	指定返回数组的最小维数

【例 8-2】　创建一个多维数组对象。

```
import numpy as np
a = np.array([[1,2,3],[4,5,6],[7,8,9]])
print (a)
```

该例定义并显示了一个多维数组,运行结果如图 8-5 所示。

```
[[1 2 3]
 [4 5 6]
 [7 8 9]]
>>>
```

图 8-5　多维数组的定义与显示

2. 数组应用

在创建一个数组以后,可以查看 ndarray 对象的基本属性,如表 8-2 所示。

表 8-2　ndarray 对象的基本属性

属 性 名 称	属 性 含 义
shape	数组中各维度的尺度
reshape	调整数组大小
size	数组元素的总个数
data	数组中的元素在内存中所占的字节数

续表

属 性 名 称	属 性 含 义
itemsize	数组中每个元素的字节大小
nbetys	整个数组所占的存储空间
flages	返回数组的当前值

【例 8-3】 显示多维数组的维度。

```
import numpy as np
a = np.array([[1,2,3],[4,5,6],[7,8,9]])
print (a.shape)
```

该例定义了一个多维数组,并显示其维度,运行结果如图 8-6 所示。

```
(3, 3)
>>> |
```

图 8-6 多维数组的维度显示

【例 8-4】 显示数组中每个元素的字节大小。

```
import numpy as np
a = np.array([1,2,3,4,5,6,7,8,9], dtype = np.int8)
print (a.itemsize)
```

该例定义了一个数组,并显示其元素的字节大小,运行结果如图 8-7 所示。

```
1
>>> |
```

图 8-7 数组元素的字节大小显示

此外,ndarray 对象的内容可以通过索引或切片访问和修改,ndarray 对象一般可由 arange()函数创建,代码如下。

```
a = np.arange()
```

如果仅提取数组对象的一部分,则可以使用 slice()函数构造。

```
s = slice()
```

【例 8-5】 ndarray 对象的切片。

```
import numpy as np
a = np.arange(10)
s = slice(1,8,2)
print (a[s])
```

该例首先定义了一个数组,该数组对象由 arange()函数创建。然后分别用起始、终止、步长值(1,8,2)定义切片对象。当这个切片对象传递给 ndarray 时,会对它的一部分进行切片,索引 1~8,步长为 2。运行结果如图 8-8 所示。

$$[1\ 3\ 5\ 7]$$
>>>

图 8-8　ndarray 对象的切片

视频讲解

8.2.2　计算模块与随机模块的使用

NumPy 包含用于数组内元素或数组间求和、求积以及差分的函数,如表 8-3 所示。NumPy 还包含 numpy. linalg 模块,提供线性代数所需的所有功能,此模块中的一些重要函数如表 8-4 所示。NumPy 库中的三角函数模块如表 8-5 所示。此外,在 NumPy 库中还包含计算随机函数的模块,如表 8-6 所示。

表 8-3　NumPy 中的求和、求积以及差分的函数

函 数 名 称	函 数 功 能
prod()	返回指定轴上的数组元素的乘积
sum()	返回指定轴上的数组元素的总和
cumprod()	返回沿给定轴的元素的累积乘积
cumsum()	返回沿给定轴的元素的累积总和
diff()	计算沿指定轴的离散差分
gradient()	返回数组的梯度
cross()	返回两个(数组)向量的叉积
trapz()	使用复合梯形规则沿给定轴积分
mean()	算数平均数

表 8-4　NumPy 中的线性代数模块

函 数 名 称	函 数 功 能	函 数 名 称	函 数 功 能
dot()	计算两个数组的点积	determinant()	计算数组的行列式
vdot()	计算两个向量的点积	solve()	计算线性矩阵方程
inner()	计算两个数组的内积	inv()	计算矩阵的乘法逆矩阵
matmul()	计算两个数组的矩阵积		

表 8-5　NumPy 中常见的三角函数模块

函 数 名 称	函 数 功 能	函 数 名 称	函 数 功 能
sin(x[, out])	正弦值	arcsin(x[, out])	反正弦
cos(x[, out])	余弦值	arccos(x[, out])	反余弦
tan(x[, out])	正切值	arctan(x[, out])	反正切

表 8-6 NumPy 中常见的随机函数模块

函 数 名 称	函 数 功 能
seed()	确定随机数生成器
permutation()	返回一个序列的随机排序或返回一个随机排列的范围
normal()	产生正态分布的样本值
binomial()	产生二项分布的样本值
rand()	返回一组随机值,根据给定维度生成[0,1)的数据
randn()	返回一个样本,具有标准正态分布
randint(low[, high, size])	返回随机的整数,位于半开区间 [low, high)
random_integers(low[, high, size])	返回随机的整数,位于闭区间 [low, high]
random()	返回随机的浮点数,位于半开区间 [0.0,1.0)
bytes()	返回随机字节
uniform()	返回均匀分布
poisson()	返回泊松分布

【例 8-6】 计算两个数组的点积,对于一维数组,它是向量的内积;对于二维数组,等效于矩阵乘法。

```
import numpy.matlib
import numpy as np
a = np.array([[1,2],[3,4]])
b = np.array([[10,20],[30,40]])
np.dot(a,b)
print (np.dot(a,b))
```

其中,matlib 表示 NumPy 中的矩阵库。该段程序定义了两个数组 a 和 b,并计算这两个数组的点积。

运行结果如图 8-9 所示。

```
[[ 70 100]
 [150 220]]
>>>
```

图 8-9 计算两个数组的点积

【例 8-7】 根据给定维度随机生成[0,1)的数据,包含 0,不包含 1。

```
import numpy as np
a = np.random.rand(5,2)
print(a)
```

视频讲解

该例随机生成了 5 组数值,均在[0,1)区间,运行结果如图 8-10 所示。

```
[[0.95414035 0.00254653]
 [0.88849221 0.76849988]
 [0.86839791 0.07952904]
 [0.1400857  0.11050012]
 [0.91248572 0.63579459]]
```

图 8-10 随机生成[0,1)数据

【例 8-8】 NumPy 中随机函数的应用。

```
import numpy as np
w = np.random.rand(5)
x = np.random.randint(10)
y = np.random.rand()
z = np.random.rand(2,3)
print(w)
print(x)
print(y)
print(z)
```

该例中,w 表示从[0,1)中产生 5 个服从均匀分布的随机数,并将其组成一维数组;x 表示从[0,10)中输出一个随机数;y 表示从[0,1)中产生一个随机数;z 表示从[0,1)中产生 6 个服从均匀分布的随机数,并将其组成 2×3 的二维数组。运行结果如图 8-11所示。

```
[0.77703477 0.50737719 0.18057781 0.16887128 0.88132489]
7
0.8818175714752682
[[0.08489292 0.63464815 0.82851814]
 [0.11737832 0.44207648 0.84480935]]
>>> |
```

图 8-11　NumPy 中随机函数的应用

8.2.3　NumPy 数据清洗实例

1. 去除重复数据

可以对于一维数组或列表,NumPy 中的 unique()函数可以去除其中的重复元素,并按元素由小到大返回一个新的无元素重复的元组或列表。

【例 8-9】 使用 NumPy 中的 unique()函数去除重复数据。

```
import numpy as np
arr = np.array([3,4,5,7,8,4,6,2,4])
print('第一个数组',arr)
print('去除重复数据后的值')
arr_a = np.unique(arr)
print(arr_a)
```

该例使用 unique()函数去除了数组[3,4,5,7,8,4,6,2,4]中的重复数据,运行结果如图 8-12 所示。

```
第一个数组 [3 4 5 7 8 4 6 2 4]
去除重复数据后的值
[2 3 4 5 6 7 8]
>>> |
```

图 8-12　去除重复数据

【例 8-10】　使用 unique() 函数去除多个数组或列表中的重复数据。

```
import numpy as np
A = [1, 2, 2, 5,3, 4, 3,1,6,7,9,2]
a = np.unique(A)
B = (1, 2, 2,6,3, 4,5,8,1)
b = np.unique(B)
C = ['fgfh','asd','fgfh','asdfdms','wrh','abc','abc']
c = np.unique(C)
print(a)
print(b)
print(c)
```

该例使用 unique() 函数去除多个数组或列表中的重复数据,运行结果如图 8-13 所示。

```
[1 2 3 4 5 6 7 9]
[1 2 3 4 5 6 8]
['abc' 'asd' 'asdfdms' 'fgfh' 'wrh']
>>> |
```

图 8-13　去除多个数组或列表中的重复数据

2. 求最大值和最小值

在 NumPy 中,可以使用 amax() 函数求最大值,使用 amin() 函数求最小值。

【例 8-11】　使用 NumPy 中的 amax() 和 amin() 函数求最大值和最小值。

```
import numpy as np
A = [1, 2, 2, 5,3, 4, 3,1,6,7,9,2,26,109,34]
a = np.amax(A)
b = np.amin(A)
print(a)
print(b)
```

该例使用 amax() 函数求数组中的最大值,使用 amin() 函数求数组中的最小值,运行结果如图 8-14 所示。

```
109
1
>>> |
```

图 8-14　求最大值和最小值

8.3　Pandas 使用

8.3.1　Pandas 数据类型概述

Pandas 有两个最基本的数据类型,分别是 Series 和 DataFrame。其中,Series 数据类型表示一维数组,与 NumPy 中的一维 array 类似,并且二者与 Python 基本的数据结构 list 也很相近。DataFrame 数据类型则代表二维的表格型数据结构,也可以将 DataFrame 理解为 Series 的容器。Pandas 库中基本数据类型及其含义如表 8-7 所示。

表 8-7　Pandas 库中基本数据类型及其含义

数 据 类 型	含　　义	数 据 类 型	含　　义
Series	Pandas 库中的一维数组	DataFrame	Pandas 库中的二维数组

视频讲解

8.3.2　Pandas 数据类型应用

1. Series 类型

1）Series 的创建和选择

Series 是能够保存任何类型数据（整数、字符串、浮点数、Python 对象等）的一维标记数组，并且每个数据都有自己的索引。在 Pandas 库中仅由一组数据即可创建最简单的 Series。

【例 8-12】　创建一个最简单的 Series。

```
import pandas as pd
s = pd.Series([1,2,3,4])
s
```

该例通过引入 Pandas 库创建了一个 Series 一维数组，运行结果如图 8-15 所示。

```
>>> import pandas as pd
>>> s=pd.Series([1,2,3,4])
>>> s
0    1
1    2
2    3
3    4
dtype: int64
```

图 8-15　创建 Series

从图 8-15 可以看出，Series 的表现方式为：索引（index）在左边，从 0 开始标记；值在右边，由用户自己定义。并且用户可以通过 Series 中的 index 属性为数据值定义标记的索引。

【例 8-13】　创建一个最简单的 Series，并定义数据值的索引。

```
import pandas as pd
s = pd.Series([1,2,3,4],index = ['a','b','c','d'])
s
```

该例用 index 为每个数据值创建了自定义的索引，运行结果如图 8-16 所示。

```
>>> s=pd.Series([1,2,3,4],index=['a','b','c','d'])
>>> s
a    1
b    2
c    3
d    4
```

图 8-16　创建 Series 索引

也可以只显示索引,如直接运行命令:s. index,即可输出结果:index(['a', 'b', 'c', 'd'], dtype='object')。

2)索引的选择

在 Pandas 中,用户还可以通过索引的方式选择 Series 中的某个值。

【例 8-14】 选择 Series 中的某个值。

```
import pandas as pd
s = pd. Series([1,2,3,4], index = ['a','b','c','d'])
s['a']
```

该例使用语句 s['a']选择了 Series 中的某个索引值,运行结果如图 8-17 所示。

```
>>> s['a']
1
```

图 8-17 选择 Series 中的某个值

【例 8-15】 选择 Series 中的多个值。

```
import pandas as pd
s = pd. Series([1,2,3,4], index = ['a','b','c','d'])
s[['b','c']]
```

该例使用语句 s[['b','c']]选择了 Series 中的多个索引值,运行结果如图 8-18 所示。

```
>>> s[['b','c']]
b    2
c    3
```

图 8-18 选择 Series 中的多个值

【例 8-16】 选择 Series 中表达式的值。

```
import pandas as pd
s = pd. Series([1,2,3,4], index = ['a','b','c','d'])
s[s > 3]
```

该例使用语句 s[s > 3]选择了在 Series 中值大于 3 的数据,运行结果如图 8-19 所示。

```
>>> s[s>3]
d    4
dtype: int64
```

图 8-19 选择 Series 中表达式的值

3) Series 中的数据操作

在 Pandas 库除了可以创建和选择 Series 外,还可以对 Series 进行各种数据操作,加法、乘法和布尔等各种运算。

【例 8-17】 Series 中的加法运算。

```
import pandas as pd
s = pd. Series([1, 2, 3, 4], index = ['a', 'b', 'c', 'd'])
s + 3
```

该例将 Series 中的所有值加 3,运行结果如图 8-20 所示。

```
>>> s+3
a    4
b    5
c    6
d    7
dtype: int64
```

图 8-20　Series 中的加法运算

【例 8-18】 Series 中的乘法运算。

```
import pandas as pd
s = pd. Series([1, 2, 3, 4], index = ['a', 'b', 'c', 'd'])
s * 3
```

该例将 Series 中的所有值乘 3,运行结果如图 8-21 所示。

```
>>> s*3
a    3
b    6
c    9
d    12
dtype: int64
```

图 8-21　Series 中的乘法运算

【例 8-19】 Series 中的布尔运算。

```
import pandas as pd
s = pd. Series([1, 2, 3, 4], index = ['a', 'b', 'c', 'd'])
'b' in s
'w' in s
```

该例用布尔运算判断是否在数组中存在 b 或 w 的索引,运行结果如图 8-22 所示。

```
>>> 'b' in s
True
>>> 'w' in s
False
```

图 8-22　Series 中的布尔运算

从图 8-22 可以看出,b 存在于该数组的索引中,因此程序显示 True;而 w 不存在于该数组的索引中,因此程序显示 False。

4) Series 中数组的数据操作

此外,在 Pandas 库中除了可以对单个数组进行数据操作,还可以对多个数组进行相同的操作。

视频讲解

【例 8-20】 Series 中的两个数组的加法运算。

```python
import pandas as pd
s1 = pd.Series([1,2,3,4])
s2 = pd.Series([5,6,7,8])
s1 + s2
```

该例在 Series 中进行两个数组的加法运算,并按照索引对应位进行运算,运行结果如图 8-23 所示。

```
>>> import pandas as pd
>>> s1=pd.Series([1,2,3,4])
>>> s2=pd.Series([5,6,7,8])
>>> s1+s2
0     6
1     8
2    10
3    12
dtype: int64
```

图 8-23 Series 中的两个数组的加法运算

【例 8-21】 Series 中的两个数组的乘法运算。

```python
import pandas as pd
s1 = pd.Series([1,2,3,4])
s2 = pd.Series([5,6,7,8])
s1 * s2
```

该例在 Series 中进行两个数组的乘法运算,运行结果如图 8-24 所示。

```
>>> import pandas as pd
>>> s1=pd.Series([1,2,3,4])
>>> s2=pd.Series([5,6,7,8])
>>> s1*s2
0     5
1    12
2    21
3    32
dtype: int64
```

图 8-24 Series 中的两个数组的乘法运算

Series 的一个重要功能是它可以自动补齐不同索引的数据。

【例 8-22】 自动补齐不同索引的数据。

```python
import pandas as pd
s1 = pd.Series([1,2,3,4], index = ['a','b','c','d'])
s2 = pd.Series([6,7,8,9], index = ['b','c','d','a'])
s1 + s2
```

该例在 Series 中进行两个数组的加法运算,并且可以自动补齐不同索引的数据,运行结果如图 8-25 所示。

可以看出,Series 可以将相同索引的数据自动补齐,从而进行数据运算。

```
>>> import pandas as pd
>>> s1=pd.Series([1,2,3,4],index=['a','b','c','d'])
>>> s2=pd.Series([6,7,8,9],index=['b','c','d','a'])
>>> s1+s2
a    10
b     8
c    10
d    12
dtype: int64
```

图 8-25　Series 的自动补齐功能

如果在数组运算中出现无法匹配的值时,其结果将为 NaN,在 Python 中,它代表缺失值。

【例 8-23】　Series 中的缺失值。

```
import pandas as pd
s1 = pd. Series([1,2,3,4], index = ['a','b','c','d'])
s2 = pd. Series([6,7,8], index = ['b','c','d'])
s1 + s2
```

该例在 Series 中进行两个数组的加法运算,但是由于两个数组对应的数值并不匹配,在 s2 中缺少索引 a 以及对应的值,因此会出现缺失值,运行结果如图 8-26 所示。

```
>>> s1+s2
a     NaN
b     8.0
c    10.0
d    12.0
dtype: float64
```

图 8-26　Series 中的缺失值

视频讲解

2. DataFrame 类型

DataFrame 是一个表格型的数据类型。它含有一组有序的列,每列可以是不同的类型(数值、字符串等)。DataFrame 类型既有行索引,又有列索引,因此它可以看作是由 Series 组成的字典。

1) DataFrame 的创建

创建 DataFrame 的方法有很多种,最常见的是直接传入一个由等长列表组成的字典。

【例 8-24】　创建一个最简单的 DataFrame。

```
import pandas as pd
data = {
'name':['leslie','amos','bill','bert']
'year':['1980','1986','1988','1990']
}
frame = pd. DataFrame(data)
frame
```

该例通过引入 Pandas 库创建一个 DataFrame 数据类型，并且会形成有序的排列，运行结果如图 8-27 所示。

```
>>> import pandas as pd
>>> data={'name':['leslie','amos','bill','bert'],'year':[1980,1986,1988,1990]}
>>> frame=pd.DataFrame(data)
>>> frame
     name  year
0  leslie  1980
1    amos  1986
2    bill  1988
3    bert  1990
```

图 8-27　创建 DataFrame

在创建 DataFrame 类型时，如果自行指定了列序列，则 DataFrame 就会按照指定顺序进行排序。

【例 8-25】　创建一个 DataFrame，并指定列序列。

```
import pandas as pd
data = {
'name':['leslie','amos','bill','bert']
'year':['1980','1986','1988','1990']
}
frame2 = pd.DataFrame(data,columns = ['year','name'])
frame2
```

该例指定了 DataFrame 类型的列序列，将 year 列放在了 name 列的前面，运行结果如图 8-28 所示。

```
>>> frame2=pd.DataFrame(data,columns=['year','name'])
>>> frame2
   year    name
0  1980  leslie
1  1986    amos
2  1988    bill
3  1990    bert
>>>
```

图 8-28　创建 DataFrame 并指定列序列

【例 8-26】　使用嵌套字典创建一个 DataFrame。

```
import pandas as pd
data = {
'name':['leslie','amos','bill','bert']
'year':['1980','1986','1988','1990']
}
pop = {'leslie':{1980},'amos':{1986}}
frame3 = pd.DataFrame(pop)
frame3
```

该例使用嵌套字典创建 DataFrame，将外层字典的键作为列，如 leslie，amos；将内层键作为行索引，如{1980}{1986}，运行结果如图 8-29 所示。

```
>>> pop={'leslie':{1980},'amos':{1986}}
>>> frame3=pd.DataFrame(pop)
>>> frame3
   leslie    amos
0  {1980}  {1986}
```

图 8-29　使用嵌套字典创建 DataFrame

2）DataFrame 的索引与查询

在访问 DataFrame 类型时，可以使用 index，columns 和 values 等属性访问 DataFrame 的行索引、列索引和数据值，数据值返回的是一个二维的 ndarray。

【例 8-27】 使用 index 属性访问 DataFrame 的行索引。

```
import pandas as pd
data = {
'name':['leslie','amos','bill','bert']
'year':['1980','1986','1988','1990']
}
pop = {'leslie':{1980},'amos':{1986}}
frame3
frame3 = pd.DataFrame(pop)
frame3.index
```

该例使用 index 属性返回 DataFrame 中的数据，运行结果如图 8-30 所示。

```
>>> frame3.index
RangeIndex(start=0, stop=1, step=1)
```

图 8-30　使用 index 属性返回 DataFrame

【例 8-28】 使用 values 属性访问 DataFrame 的数据。

```
import pandas as pd
data = {
'name':['leslie','amos','bill','bert']
'year':['1980','1986','1988','1990']
}
pop = {'leslie':{1980},'amos':{1986}}
frame3
frame3 = pd.DataFrame(pop)
frame3.values
```

该例使用 values 属性返回 DataFrame 中的数据，运行结果如图 8-31 所示。

```
>>> frame3.values
array([[{1980}, {1986}]], dtype=object)
```

图 8-31　使用 values 属性返回 DataFrame

【例 8-29】　使用索引方法和属性查询 DataFrame。

```
import pandas as pd
data = {
'name':['leslie','amos','bill','bert']
'year':['1980','1986','1988','1990']
}
frame2 = pd.DataFrame(data,columns = ['year','name'])
frame2
'1980' in frame2.columns
'name' in frame2.columns
```

该例使用语句'1980' in frame2.columns 和'name' in frame2.columns 查询在 frame2 类型中出现的列序列的名称,因此第一句结果会显示为 False,而第二句结果则会显示为 True,如图 8-32 所示。

```
>>> '1980' in frame2.columns
False
>>> 'name' in frame2.columns
True
```

图 8-32　使用索引查询 DataFrame

如果要查询在 frame2 中出现的 values 值,也可以使用类似的语句:

```
'leslie' in frame2.values
```

该语句输出结果为 True。

要查询在 frame2 中出现的行索引,可以先建立索引,再使用语句查询。

【例 8-30】　建立行索引并查询。

```
import pandas as pd
data = {
'name':['leslie','amos','bill','bert']
'year':['1980','1986','1988','1990']
}
frame2 = pd.DataFrame(data,columns = ['year','name'],index = ['one','two','three','four'])
frame2
'one' in frame2.index
'five' in frame2.index
```

该例首先创建了行索引,用 one、two、three、four 表示,再查询 one 和 five 是否出现在 index 中,因此第一句结果会显示为 True,而第二句结果则会显示为 False,如图 8-33 和图 8-34 所示。

```
>>> frame2
        year    name
one     1980    leslie
two     1986    amos
three   1988    bill
four    1990    bert
```

图 8-33　创建行索引

```
>>> 'one' in frame2.index
True
>>> 'five' in frame2.index
False
```

图 8-34　查询行索引

3. DataFrame 数据分析与应用实例

DataFrame 中的数据分析方法包括数据计算、数据扩充、数据索引、数据丢弃、数据排序和数据汇总等。具体方法及其含义如表 8-8 所示。

表 8-8　DataFrame 中的数据分析具体方法及其含义

方　　法	含　　义	方　　法	含　　义
sum()	数据值加法运算	drop()	丢弃不需要的数据值
df—	数据值减法运算	sort_index()	对数据值排序
df *	数据值乘法运算	idxmin()	统计最小值的索引
df/	数据值除法运算	idxmax()	统计最大值的索引
append()	对数据的行或列进行扩充	cumsum()	对数据值进行累加
reindex()	重新建立一个新的索引对象		

1）数据计算

DataFrame 中的常见计算是对每列做加法、减法、乘法或除法。

【例 8-31】　在 Pandas 中建立二维数据并求和。

视频讲解

```
import pandas as pd
import numpy as np
df = pd.DataFrame([[1, 2, 3],[4, 5, 6]], columns = ['col1','col2','col3'], index = ['a','b'])
df
```

首先创建 DataFrame,创建一个两行三列的数组,并且索引为 a 和 b,运行结果如图 8-35 所示。

```
>>> df
   col1  col2  col3
a     1     2     3
b     4     5     6
```

图 8-35　创建 DataFrame

输入命令: df. sum(),可以对每列求和,运行结果如图 8-36 所示。

输入命令: df. sum(1),可以对每行求和,运行结果如图 8-37 所示。

```
>>> df.sum()
col1    5
col2    7
col3    9
dtype: int64
```

图 8-36 对 DataFrame 的每列求和

```
>>> df.sum(1)
a     6
b    15
dtype: int64
```

图 8-37 对 DataFrame 的每行求和

输入命令：df-1，可以对每行做减法运算，运行结果如图 8-38 所示。

```
>>> df-1
   col1 col2 col3
a    0    1    2
b    3    4    5
```

图 8-38 对 DataFrame 的每行做减法运算

输入命令：令 df * 2，可以对每行做乘法运算，运行结果如图 8-39 所示。

```
>>> df*2
   col1 col2 col3
a    2    4    6
b    8   10   12
```

图 8-39 对 DataFrame 的每行做乘法运算

输入命令：df/2，可以对每行做除法运算，运行结果如图 8-40 所示。

```
>>> df/2
   col1 col2 col3
a  0.5  1.0  1.5
b  2.0  2.5  3.0
```

图 8-40 对 DataFrame 的每行做除法运算

2）数据扩充

DataFrame 中的常见扩充是对每列或每行进行扩充。

【例 8-32】 在 Pandas 中建立二维数据并进行扩充。

```
import pandas as pd
import numpy as np
df = pd.DataFrame([[1, 2, 3],[4, 5, 6]], columns = ['col1','col2','col3'], index = ['a','b'])
df
```

视频讲解

该程序生成并显示了 3 列数据，如果要再增加一列，可以输入命令 df['col4']=['7'，'8']，该语句增加了一列 col4，并且插入了数据 7 和 8，运行结果如图 8-41 所示。

如果要插入新的一行，可以输入命令 df.append(pd.DataFrame({'col1':10,'col2':11,'col3':12,'col4':13},index=['c']))，该语句增加了一行 c，并且插入了数据 10,11,12,13，运行结果如图 8-42 所示。

```
>>> df['col4']=['7','8']
>>> df
   col1  col2  col3 col4
a   1     2     3    7
b   4     5     6    8
```

图 8-41　扩充列

```
>>> df.append(pd.DataFrame({'col1':10,'col2':11,'col3':12,'col4':13},index=['c']
>>
   col1  col2  col3 col4
a   1     2     3    7
b   4     5     6    8
c   10    11    12   13
```

图 8-42　扩充行

3) 重新建立索引

在 DataFrame 中可以使用 reindex()方法重新建立一个新的索引对象。

【例 8-33】　在 Pandas 中建立二维数据并重新建立索引。

```
import pandas as pd
import numpy as np
df = pd.DataFrame([[1, 2, 3],[4, 5, 6]], columns = ['col1','col2','col3'], index = ['a','b'])
df
df = df.reindex['a','b','c','d']
df
```

该例首先建立了一个二维数据,接着使用 reindex()方法重新建立索引。如果某个索引值不存在,就会引入缺失值,运行结果如图 8-43 所示。

```
>>> df=df.reindex(['a','b','c','d'])
>>> df
   col1  col2  col3
a  1.0   2.0   3.0
b  4.0   5.0   6.0
c  NaN   NaN   NaN
d  NaN   NaN   NaN
```

图 8-43　对 DataFrame 重新建立索引

从图 8-43 可以看出,当出现了不存在的索引值时,会用标识 NaN 表示。

4) 数据丢弃

在 DataFrame 中可以使用 drop()方法丢弃不需要的指定值,并且对原先的数据不会有任何影响。

【例 8-34】　在 Pandas 中建立二维数据并丢弃不需要的某行。

视频讲解

```
import pandas as pd
import numpy as np
df = pd.DataFrame([[1, 2, 3],[4, 5, 6]], columns = ['col1','col2','col3'], index = ['a','b'])
df
df = df.reindex['a','b','c','d']
df.drop('a')
df
```

该例使用 drop()方法丢弃了索引值为 a 的整行数据,运行结果如图 8-44 所示。

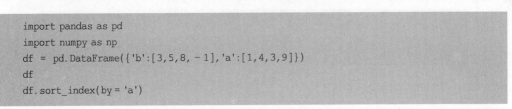

```
>>> df.drop('a')
   col1 col2 col3
b   4.0  5.0  6.0
c   NaN  NaN  NaN
d   NaN  NaN  NaN
```

图 8-44 丢弃指定行数据

【例 8-35】 在 Pandas 中建立二维数据并丢弃不需要的某列。

```
import pandas as pd
import numpy as np
df = pd.DataFrame([[1, 2, 3],[4, 5, 6]], columns = ['col1','col2','col3'], index = ['a','b'])
df
df = df.reindex['a', 'b', 'c', 'd']
df.drop(['col3'], axis = 1)
df
```

该例使用 drop()方法丢弃了 col3 列的数据,语句 axis=1 表示沿着每行或列标签横向执行对应的方法,即删掉某列,运行结果如图 8-45 所示。

```
>>> df.drop(['col3'],axis=1)
   col1 col2
a   1.0  2.0
b   4.0  5.0
c   NaN  NaN
d   NaN  NaN
```

图 8-45 丢弃指定列数据

在数据丢弃中,如果要删掉某行,可以使用 axis=0 实现。例如,要删掉索引值为 a 的整行数据,也可以使用语句 df.drop(['a'],axis=0)实现。

5) 数据排序

在 DataFrame 中可以使用 sort_index()方法对列中数据值进行排序,它将返回一个已经经排好序的新结果。

【例 8-36】 在 Pandas 中建立二维数据并对数据值排序。

视频讲解

```
import pandas as pd
import numpy as np
df = pd.DataFrame({'b':[3,5,8, - 1],'a':[1,4,3,9]})
df
df.sort_index(by = 'a')
```

该例对索引 a 的数据值进行了排序,在排序时将行或列的名称传递给 by 选项即可,显示结果为从小到大的排列,运行结果如图 8-46 所示。

6) 数据汇总

在 DataFrame 中可以使用 idxmin()方法和 idxmax()方法统计达到最小值和最大值的索引,该方法也称为间接索引。其中,idxmin()方法统计最小值的索引;idxmax()方法

```
>>> df.sort_index(by='a')
   b  a
0  3  1
2  8  3
1  5  4
3 -1  9
```

图 8-46   对 DataFrame 的一列数据进行排序

统计最大值的索引。

【例 8-37】   在 Pandas 中建立二维数据并统计。

```
import pandas as pd
import numpy as np
df = pd.DataFrame([[1, 2, 3],[4, 5, 6]], columns = ['col1','col2','col3'], index = ['a','b'])
df
```

首先创建 DataFrame,创建一个两行三列的数组,并且索引为 a 和 b。

输入命令：df.idxmin(),统计最小值索引；df.idxmax(),统计最大值索引。运行结果如图 8-47 和图 8-48 所示。

```
>>> df.idxmin()
col1    a
col2    a
col3    a
dtype: object
```

图 8-47   统计最小值索引

```
>>> df.idxmax()
col1    b
col2    b
col3    b
dtype: object
```

图 8-48   统计最大值索引

此外,还可以使用 cumsum()方法进行各行数据值的累加。

输入命令：df.cumsum(),可以对每行的数据进行累加,运行结果如图 8-49 所示。

```
>>> df.cumsum()
   col1  col2  col3
a    1     2     3
b    5     7     9
>>> df.idxmin()
```

图 8-49   统计各行的累加值

8.3.3   Pandas 数据清洗

Pandas 作为在 Python 中的一个数据分析与清洗的库,在数据清洗中主要用于处理缺失值、重复值和数据合并。

1. Pandas 处理缺失值

在 Pandas 中可使用 dropna()方法处理缺失值,使用 cleaned()方法清除缺失值,使用 isnull()方法标明缺失值,使用 fillna()方法填充缺失值,具体用法如表 8-9 所示。

表 8-9 缺失值处理方法

方 法 名 称	方 法 描 述
cleaned()	清除所有缺失值
dropna()	根据条件过滤缺失值
isnull()	返回一个布尔值,标明哪些是缺失值
fillna()	填充缺失值数据
notnull()	isnull 的否定式

【例 8-38】 在 Pandas 中处理缺失值。

视频讲解

```
import pandas as pd
import numpy as np
frame = pd.DataFrame([[1,2,3,None],[4,7,None,3],[None,None,None,None]])
frame
```

在该例数据中每行都出现了 None 值,Pandas 使用浮点值 NaN 表示,运行结果如图 8-50 所示。

```
>>> frame
     0    1    2    3
0  1.0  2.0  3.0  NaN
1  4.0  7.0  NaN  3.0
2  NaN  NaN  NaN  NaN
```

图 8-50 Pandas 中的缺失值

要想查看是否有缺失值,可使用语句 frame.info(),发现每列中都存在缺失值,运行结果如图 8-51 所示。

```
>>> frame.info()
<class 'pandas.core.frame.DataFrame'>
RangeIndex: 3 entries, 0 to 2
Data columns (total 4 columns):
0    2 non-null float64
1    2 non-null float64
2    1 non-null float64
3    1 non-null float64
dtypes: float64(4)
memory usage: 176.0 bytes
```

图 8-51 Pandas 中统计缺失值

1) cleaned()方法

如果想要丢弃 Pandas 中任何含有数据缺失值的行,可以使用 cleaned()方法实现,如图 8-52 所示。

2) dropna()方法

如果只想丢弃全为 NaN 的行,可以使用语句 dropna(how = 'all')实现,如图 8-53 所示。

```
>>> cleaned
Empty DataFrame
Columns: [0, 1, 2, 3]
Index: []
```

图 8-52　使用 cleaned()方法丢弃缺失值

```
>>> frame.dropna(how='all')
     0    1    2    3
0  1.0  2.0  3.0  NaN
1  4.0  7.0  NaN  3.0
```

图 8-53　使用 dropna()方法丢弃缺失值

3) isnull()方法

如果想标明哪些数据是缺失值 NaN,可以使用 isnull()方法实现,如图 8-54 所示。

```
>>> frame.isnull()
       0      1      2      3
0  False  False  False   True
1  False  False   True  False
2   True   True   True   True
```

图 8-54　使用 isnull()方法标明缺失值

4) fillna()方法

(1) 用常数填充。如果想在 Pandas 中填充缺失值,可以使用 fillna()方法实现,该方法会将缺失值更换为一个指定的常数值,如 fillna(n),如图 8-55 所示。

```
>>> frame.fillna(1)
     0    1    2    3
0  1.0  2.0  3.0  1.0
1  4.0  7.0  1.0  3.0
2  1.0  1.0  1.0  1.0
```

图 8-55　以常数填充缺失值

从图 8-55 可以看出,语句 frame.fillna(1)表示将缺失值替换为了常数值 1。

(2) 用字典填充。在填充缺失值时,也可以以列为单位进行,如 fillna({0:1,1:5,2:10}),如图 8-56 所示。

```
>>> frame.fillna({0:1,1:5,2:10})
     0    1     2    3
0  1.0  2.0   3.0  NaN
1  4.0  7.0  10.0  3.0
2  1.0  5.0  10.0  NaN
```

图 8-56　以字典填充缺失值

从图 8-56 可以看出,语句 fillna({0:1,1:5,2:10})表示将索引为 0 列的缺失值填充为 1,将索引为 1 列的缺失值填充为 5,将索引为 2 列的缺失值填充为 10。

(3) 用 method()方法填充。在填充缺失值时,也可以使用前面出现的值填充后面同列中的缺失值,如 fillna(method='ffill'),如图 8-57 所示。

从图 8-57 可以看出,语句 fillna(method='ffill')表示以列为单位,将缺失值填充为之

```
>>> frame.fillna(method='ffill')
     0    1    2    3
0  1.0  2.0  3.0  NaN
1  4.0  7.0  3.0  3.0
2  4.0  7.0  3.0  3.0
```

图 8-57 以 method='ffill'进行填充

前出现的值,其中 method 为插值方式,如果调用时未指定其他的参数,则默认为 ffill。此外,在对数据进行填充的时候,也可以使用语句 fillna(method='pad')实现,即用前一个非缺失值去填充该缺失值,如图 8-58 所示。

```
>>> frame.fillna(method='pad')
     0    1    2    3
0  1.0  2.0  3.0  NaN
1  4.0  7.0  3.0  3.0
2  4.0  7.0  3.0  3.0
```

图 8-58 以 method='pad'进行填充

(4)用 inplace=True 直接修改原始值。在填充缺失值时,可以使用语句 inplace=True 直接改变原对象的值,如 fillna(1,inplace=True),即可将缺失值修改为1,如图 8-59 所示。

```
>>> frame.fillna(1,inplace=True)
>>> frame
     0    1    2    3
0  1.0  2.0  3.0  1.0
1  4.0  7.0  1.0  3.0
2  1.0  1.0  1.0  1.0
```

图 8-59 直接修改原始值

2. Pandas 处理数据重复数据

在数据采集中经常会出现重复数据,这时可以使用 Pandas 进行数据清洗。在 Pandas 中可以使用 duplicated()方法查找重复数据,使用 drop_duplicated()方法清洗重复数据。

【例 8-39】 在 Pandas 中处理重复数据。

```
import pandas as pd
import numpy as np
frame = pd. DataFrame({'a':['one'] * 2 + ['two'] * 3,'b':[1,1,2,2,3]})
frame
```

该例中出现了多行重复数据,运行结果如图 8-60 所示。

```
>>> frame=pd.DataFrame({'a':['one']*2+['two']*3,'b':[1,1,2,2,3]})
>>> frame
     a  b
0  one  1
1  one  1
2  two  2
3  two  2
4  two  3
```

图 8-60 Pandas 中的重复数据

使用语句 frame. duplicated( ). value_ counts( )统计重复数据的个数,如图 8-61 所示。

```
>>> frame.duplicated().value_counts()
False   3
True    2
dtype: int64
```

图 8-61　统计重复数据

从图 8-61 可以看出,True=2 表示存在两个重复数据。

也可使用语句 frame. duplicated()直接返回一个布尔值,查看各行是不是重复行,如图 8-62 所示。

```
>>> frame.duplicated()
0     False
1      True
2     False
3      True
4     False
dtype: bool
```

图 8-62　返回布尔值查看重复数据

从图 8-62 可以看出,数据集中索引为 1 行和索引为 3 行中都存在重复数据,用布尔值 True 表示。

下面清洗重复数据。

(1) 清除重复的最后一行数据。要想清洗重复的最后一行数据,可使用语句 frame. drop_duplicates()实现,它用于返回一个移除了重复行的 DataFrame,如图 8-63 所示。

```
>>> frame.drop_duplicates()
    a  b
0  one  1
2  two  2
4  two  3
```

图 8-63　Pandas 中移除重复的最后一行数据

(2) 清除指定行数据。要想清洗指定行数据,可使用语句 frame. drop_duplicates(['a']),它移除了指定的 a 行的重复行数据,如图 8-64 所示。

```
>>> frame.drop_duplicates(['a'])
    a  b
0  one  1
2  two  2
```

图 8-64　Pandas 中移除指定行重复数据

3. Pandas 合并数据

在 Pandas 中可以使用 merge( )方法将不同 DataFrame 的行连接起来,就像是在 SQL 中连接关系数据库一样。表 8-10 列出了 merge( )方法的常见参数。

表 8-10 merge()方法的常见参数

参　　数	描　　述
left	参与合并的左侧 DataFrame
right	参与合并的右侧 DataFrame
how	合并连接的方式,常见的有 inner,left,right 和 outer,默认为 inner
on	用于连接的列索引的名称
left_on	左侧 DataFrame 用于连接的列名
right_on	右侧 DataFrame 用于连接的列名
left_index	将左侧的行索引用作其连接键
right_index	将右侧的行索引用作其连接键

【例 8-40】 在 Pandas 中合并数据。

```python
import numpy as np
import pandas as pd
data1 = pd.DataFrame({'level1':['a','b','c','d'], 'numeber1':[1,3,5,7]})
data2 = pd.DataFrame({'level2':['a','b','c','e'], 'numeber2':[2,4,6,8]})
print(pd.merge(data1,data2,left_on = 'level1',right_on = 'level2'))
```

该例建立了两个 DataFrame,并使用 merge()方法将这两个 DataFrame 进行合并。其中在合并时只显示了相同标签的字段,其他字段则被丢弃。left_on 指定用于左侧连接的列名,right_on 指定用于右侧连接的列名,运行结果如图 8-65 所示。

```
   level1  numeber1 level2  numeber2
0       a         1      a         2
1       b         3      b         4
2       c         5      c         6
```

图 8-65　Pandas 中合并不同 DataFrame 中的数据

如果在两个 DataFrame 列名不同的情况下进行连接,可以加上参数 how='left'显示全部的列名,代码为 print(pd.merge(data1,data2,left_on='level1',right_on='level2',how='left')),运行结果如图 8-66 所示。

```
   level1  numeber1 level2  numeber2
0       a         1      a       2.0
1       b         3      b       4.0
2       c         5      c       6.0
3       d         7    NaN       NaN
```

图 8-66　Pandas 中合并显示 DataFrame 中的全部数据

8.4　matplotlib 使用

8.4.1　matplotlib 的介绍

视频讲解

matplotlib 库是 Python 著名的绘图库,也是 Python 可视化库的基础库,matplotlib 库的功能十分强大。为了方便快速绘图,matplotlib 通过 pyplot 模块提供了一套和

MATLAB 类似的绘图 API，将众多绘图对象所构成的复杂结构隐藏在这套 API 内部。因此，只需要调用 pyplot 模块所提供的函数就可以实现快速绘图以及设置图表的各种细节。

matplotlib. pyplot 是一个命令型函数集合，它可以让人们像使用 MATLAB 一样使用 matplotlib. pyplot 中的每个函数都会对画布图像做出相应的改变，如创建画布、在画布中创建一个绘图区、在绘图区上画几条线、给图像添加文字说明等。matplotlib. pyplot 中的常见函数有 plt. figure()，plt. subplot() 和 plt. axes()。

1) plt. figure() 函数

使用 plt. figure() 函数创建一个全局绘图区域，可包含以下参数。

(1) num：设置图像编号；

(2) figsize：设置图像的宽度和高度，单位为英寸；

(3) facecolor：设置图像背景颜色；

(4) dpi：设置绘图对象的分辨率；

(5) edgecolor：设置图像边框颜色。

在创建了图像区域之后，再用 plt. show() 函数显示。显示绘图区域代码如下。

```
plt.figure(figsize = (6,4))
plt.show()
```

这段代码创建了一个空白区域，大小为 6×4。

2) plt. subplot() 函数

subplot() 函数用于在全局绘图区域中创建自绘图区域，可包含以下参数。

(1) nrows：subplot 的行数；

(2) ncols：subplot 的列数；

(3) sharex：x 轴刻度；

(4) sharey：y 轴刻度。

使用 subplot() 函数可以规划将 figure 划分为 n 个子图，但每条 subplot() 命令只会创建一个子图。

【例 8-41】 用 subplot() 函数划分子区域。

```
import matplotlib.pyplot as plt
plt.subplot(442)
plt.show()
```

该例使用 plt. subplot(442) 函数将全局划分为了 4×4 的区域，其中横向为 4，纵向也为 4，并用语句 plt. subplot(442) 在第 2 个位置（靠左侧上方）生成了一个坐标系。运行结果如图 8-67 所示。

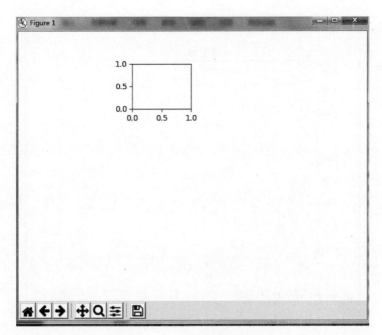

图 8-67　subplot 划分子区域

8.4.2　matplotlib 的应用

1. 绘制线性图形

使用 matplotlib 库可以绘制各种图形，其中最基本的是线性图形，主要由线条组成。

【例 8-42】　用 matplotlib 库绘制线性图形。

```
import matplotlib.pyplot as plt
from matplotlib.font_manager import FontProperties
font_set = FontProperties(fname = r"c:\windows\fonts\simsun.ttc", size = 20)
                                                    #导入宋体字体文件
dataX = [1,2,3,4]
dataY = [2,4,4,2]
plt.plot(dataX,dataY)
plt.title("绘制直线",FontProperties = font_set);
plt.xlabel("x",FontProperties = font_set);
plt.ylabel("y",FontProperties = font_set);
plt.show()
```

该例绘制了一条直线，直线形状由坐标值 x 和 y 决定，并引用了计算机中的中文字体显示该图形的标题。运行结果如图 8-68 所示。

从图 8-68 可以看出，当 x 取值为 1 时，y 取值为 2；当 x 取值为 2 时，y 取值为 4，由语句 dataX = [1,2,3,4]，dataY = [2,4,4,2]实现。因此，最终在屏幕上显示一条未封闭的直线段。如果在 dataX 和 dataY 中设置多个参数，则可以显示其他的线性图形。

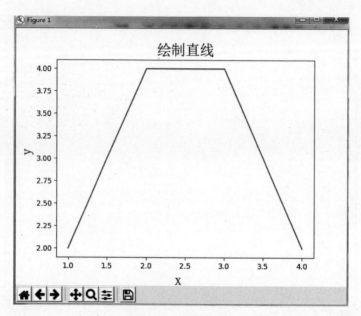

图 8-68 绘制直线

在例 8-42 中将代码 dataX = [1,2,3,4],dataY = [2,4,4,2]改为 dataX = [1,2,3,4,1],dataY = [2,4,4,2,2],即可生成一条封闭的线条,如图 8-69 所示。

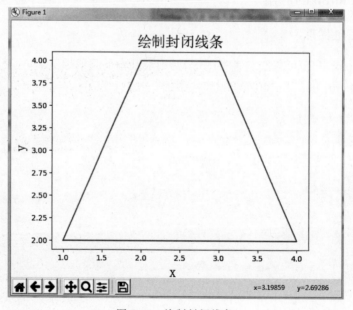

图 8-69 绘制封闭线条

2. 绘制柱状图

柱状图也叫作条形图,是一种以长方形的高度为变量表达图形的统计报告图,由一系列高度不等的纵向条纹表示数据分布的情况,用来比较两个或以上的变量。

视频讲解

【例8-43】 用 matplotlib 库绘制柱状图。

```
import matplotlib.pyplot as plt
from matplotlib.font_manager import FontProperties
font_set = FontProperties(fname = r"c:\windows\fonts\simsun.ttc", size = 15)
                                           ♯导入宋体字体文件
x = [0,1,2,3,4,5]
y = [1,2,3,2,4,3]
plt.bar(x,y)                              ♯竖的柱状图
plt.title("柱状图",FontProperties = font_set);    ♯图标题
plt.xlabel("x",FontProperties = font_set);
plt.ylabel("y",FontProperties = font_set);
plt.show()
```

该例绘制了 6 个柱状形状,用 plt.bar()函数实现,其中参数为 x,y,运行结果如图 8-70 所示。

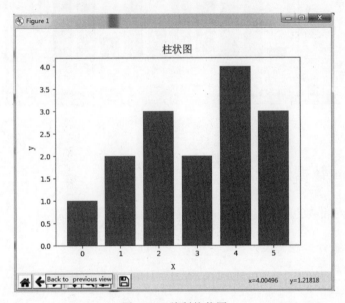

图 8-70　绘制柱状图

在绘制柱状图时,也可以使用 NumPy 实现。

【例8-44】 用 matplotlib 库和 NumPy 库绘制随机的柱状图。

```
import matplotlib.pyplot as plt
from matplotlib.font_manager import FontProperties
import numpy as np
font_set = FontProperties(fname = r"c:\windows\fonts\simsun.ttc", size = 15)
                                                    ♯导入宋体字体文件
x = np.arange(10)
y = np.random.randint(0,20,10)
plt.bar(x, y)
plt.show()
```

该例使用 random()函数绘制了在区域中随机出现的柱状图。在语句 y = np. random. randint(0,20,10)中,参数 20 表示柱状图的高度,参数 10 表示柱的个数。

运行结果如图 8-71 所示。

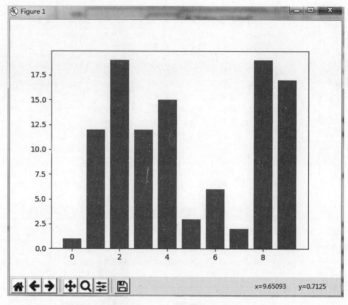

图 8-71 绘制随机的柱状图

8.5 Python 数据清洗实例

8.5.1 清洗内部数据

1. 分析和统计数据

视频讲解

【例 8-45】 使用 Pandas 和 NumPy 分析和统计数据。

```
import pandas as pd
import numpy as np
data = pd. Series(np. random. randn(5))
```

(1) 输出数据:print(data),运行结果如图 8-72 所示。

```
>>> import pandas as pd
>>> import numpy as np
>>> data=pd.Series(np.random.randn(5))
>>> print(data)
0    1.299786
1    0.776111
2    0.224051
3   -0.237113
4    1.471874
dtype: float64
```

图 8-72 输出数据

（2）统计总个数：print(data.count())，运行结果如图8-73所示。

```
>>> print(data.count())
5
```

图8-73 统计总个数

（3）查看最大值：print(data.max())，运行结果如图8-74所示。

```
>>> print(data.max())
1.4718743964593082
```

图8-74 查看最大值

（4）查看最小值：print(data.min())，运行结果如图8-75所示。

```
>>> print(data.min())
-0.23711332078898834
```

图8-75 查看最小值

（5）查看最大值的索引：print(data.idxmax())，运行结果如图8-76所示。

```
>>> print(data.idxmax())
4
```

图8-76 查看最大值的索引

（6）查看最小值的索引：print(data.idxmin())，运行结果如图8-77所示。

```
>>> print(data.idxmin())
3
```

图8-77 查看最小值的索引

（7）求和：print(data.sum())，运行结果如图8-78所示。

```
>>> print(data.sum())
3.534708750395803
```

图8-78 求和

（8）求平均值：print(data.mean())，运行结果如图8-79所示。

```
>>> print(data.mean())
0.7069417500791606
>>>
```

图8-79 求平均值

2. 填充缺失值

【例8-46】 填充缺失值。

视频讲解

```
import pandas as pd
import numpy as np
s = pd.Series(np.random.randn(6))
s[::2] = np.nan
print(s)
```

该例生成了一组服从标准正态分布的随机数,并用语句 s[∷2]=np.nan 以切片方式输出空值 NaN,运行结果如图 8-80 所示。

```
>>> print(s)
0        NaN
1     0.509583
2        NaN
3    -0.645850
4        NaN
5    -0.675114
dtype: float64
```

图 8-80　输出随机数

(1) 使用语句 s1=s.fillna(s.mean())填充缺失值,这里 s.mean()表示用平均值填充。运行结果如图 8-81 所示。

```
>>> s1=s.fillna(s.mean())
>>> print(s1)
0    -0.270461
1     0.509583
2    -0.270461
3    -0.645850
4    -0.270461
5    -0.675114
dtype: float64
```

图 8-81　用平均值填充

(2) 使用语句 s2=s.fillna(0.5)填充缺失值,这里 0.5 表示用固定值 0.5 填充。运行结果如图 8-82 所示。

```
>>> s2=s.fillna(0.5)
>>> print(s2)
0     0.500000
1     0.509583
2     0.500000
3    -0.645850
4     0.500000
5    -0.675114
dtype: float64
```

图 8-82　用固定值填充

3. 检测异常值

【例 8-47】　检测异常值。

视频讲解

```
import pandas as pd
import numpy as np
data = pd.DataFrame(np.random.randn(100,4))
data.describe()
```

该例输出了一个服从正态分布的数据,并用语句 data.describe()查看数据的基本情况,运行结果如图 8-83 所示。

(1) 查看数据的具体情况,使用语句 print(data)实现,运行结果如图 8-84 所示。

```
>>> import pandas as pd
>>> import numpy as np
>>> data=pd.DataFrame(np.random.randn(100,4))
>>> data.describe()
                0           1           2           3
count  100.000000  100.000000  100.000000  100.000000
mean     0.232195    0.127382    0.009231    0.020045
std      1.025557    1.076098    0.906141    0.990474
min     -2.343490   -2.774333   -2.351935   -1.969425
25%     -0.379412   -0.446807   -0.558914   -0.603022
50%      0.286734    0.169452   -0.150356   -0.000900
75%      0.903198    0.817432    0.619536    0.628471
max      2.976411    2.502209    1.964041    2.549795
```

图 8-83　查看数据的基本情况

```
>>> print(data)
            0           1           2           3
0    0.735444    0.675953    1.524963   -0.038089
1    0.366472    0.181778   -0.718985    0.385752
2   -0.260706    0.005881    0.287582   -0.126349
3   -1.452172    1.067788   -0.089521   -0.179226
4    0.957719   -0.848254    0.350720    0.443035
5    0.581471    1.449636    0.965623   -1.459209
6   -0.236934    0.019478   -0.312034    0.611962
7    0.725806    0.483198   -0.287504   -0.030806
8    0.484276   -2.196240   -2.210383   -0.078796
9   -0.364939    1.544158    1.426227    0.336858
10   2.522044   -0.801084    1.352751    0.621332
11  -0.425314   -1.681443    1.964041    0.202233
12  -2.148857    0.802955    0.084882    0.620570
13   2.166700    0.327509   -0.341076    0.929725
14   1.123395   -0.212250   -1.903183   -0.034420
15   0.616809    1.014327   -0.146104   -0.183339
16   0.404340   -0.006850   -1.221752    0.061074
17   0.409864   -1.162953    1.491484    0.350817
18   0.953834    0.152813    0.311686    0.853208
19   0.828828    0.731354   -0.377288    0.344615
20  -0.632755    1.601053   -1.171974    0.882296
21  -0.202883   -0.450759   -0.169001    0.110618
22   0.338703    0.469117    0.400294   -0.090213
23   0.430431   -2.038938   -0.259964    0.134373
24  -1.459436   -0.592551    1.772208   -1.182784
25  -2.024372    0.615196    0.322649    1.202195
26  -0.222228   -1.811793   -0.641070    1.369045
27   0.415738    1.932881   -0.179730   -0.983371
28   0.899939   -1.084103   -0.150270   -1.388858
29  -0.393721    1.063218   -0.541124   -0.092021
..        ...         ...         ...         ...
```

图 8-84　查看数据的具体情况

（2）使用语句 col＝data[1]，col[np.abs(col)＞2]得到在第一列中绝对值大于 2 的值，如图 8-85 所示。

```
>>> col=data[1]
>>> col[np.abs(col)>2]
8    -2.196240
23   -2.038938
44   -2.774333
49   -2.369185
86   -2.345139
97    2.502209
98   -2.357315
Name: 1, dtype: float64
>>>
```

图 8-85　检测异常值

8.5.2　清洗外部数据

1. 导入外部数据

Pandas 处理 CSV 文件的方法主要为 read_csv() 和 to_csv()，其中，read_csv() 表示读取 CSV 文件的内容并返回 DataFrame，to_csv() 则是其逆过程，即写入 CSV 文件。

Pandas 读取 CSV 文件语法如下。

```
pd.read_csv("filename")
```

其中，filename 表示要读取的 CSV 文件名称，在 filename 后还可以加上一些参数，具体用法如表 8-11 所示。

表 8-11　read_csv() 参数及其含义

参　数	含　义
header	表头，默认不为空（以第一行作为表头），取 None 表明全数据无表头
prefix	在没有列标题时，给列添加前缀
sep	指定分隔符。如果不指定参数，则会尝试使用逗号分隔
index_col	用作行索引的列编号或列名，如果给定一个序列则有多个行索引
delimiter	定界符，备选分隔符（如果指定该参数，则 sep 参数失效）
usecols	返回一个数据子集，该列表中的值必须可以对应到文件中的位置（数字可以对应到指定的列）或字符传为文件中的列名
squeeze	如果文件值包含一列，则返回一个 Series
data_parser	用于解析日期的函数，默认使用 dateutil.parser.parser 做转换
dtype	每列数据的数据类型
nrows	需要读取的行数（从文件头开始算起）
na_values	一组用于替换 NA/NaN 的值。如果传参，需要制定特定列的空值
na_filter	是否检查丢失值（空字符串或空值）
verbose	是否打印各种解析器的输出信息
skip_blank_lines	如果为 True，则跳过空行；否则记为 NaN
iterator	返回一个 TextFileReader 对象，以便逐块处理文件
chunksize	文件块的大小
quoting	控制 CSV 中的引号常量
encoding	指定字符集类型，通常指定为 'utf-8'

视频讲解

【例 8-48】　Pandas 读取 CSV 文件。

（1）准备 iris.csv 文件，内容如图 8-86 所示。

（2）读取该文件，代码如下。

	A	B	C	D	E	F	G	H
1		Sepal.Len	Sepal.Wid	Petal.Len	Petal.Wid	Species		
2	1	5.1	3.5	1.4	0.2	setosa		
3	2	4.9	3	1.4	0.2	setosa		
4	3	4.7	3.2	1.3	0.2	setosa		
5	4	4.6	3.1	1.5	0.2	setosa		
6	5	5	3.6	1.4	0.2	setosa		
7	6	5.4	3.9	1.7	0.4	setosa		
8	7	4.6	3.4	1.4	0.3	setosa		
9	8	5	3.4	1.5	0.2	setosa		
10	9	4.4	2.9	1.4	0.2	setosa		
11	10	4.9	3.1	1.5	0.1	setosa		
12	11	5.4	3.7	1.5	0.2	setosa		
13	12	4.8	3.4	1.6	0.2	setosa		
14	13	4.8	3	1.4	0.1	setosa		
15	14	4.3	3	1.1	0.1	setosa		
16	15	5.8	4	1.2	0.2	setosa		
17	16	5.7	4.4	1.5	0.4	setosa		
18	17	5.4	3.9	1.3	0.4	setosa		
19	18	5.1	3.5	1.4	0.3	setosa		
20	19	5.7	3.8	1.7	0.3	setosa		
21	20	5.1	3.8	1.5	0.3	setosa		
22	21	5.4	3.4	1.7	0.2	setosa		
23	22	5.1	3.7	1.5	0.4	setosa		
24	23	4.6	3.6	1	0.2	setosa		
25	24	5.1	3.3	1.7	0.5	setosa		
26	25	4.8	3.4	1.9	0.2	setosa		
27	26	5	3	1.6	0.2	setosa		
28	27	5	3.4	1.6	0.4	setosa		
29	28	5.2	3.5	1.5	0.2	setosa		
30	29	5.2	3.4	1.4	0.2	setosa		
31	30	4.7	3.2	1.6	0.2	setosa		
32	31	4.8	3.1	1.6	0.2	setosa		
33	32	5.4	3.4	1.5	0.4	setosa		
34	33	5.2	4.1	1.5	0.1	setosa		
35	34	5.5	4.2	1.4	0.2	setosa		
36	35	4.9	3.1	1.5	0.2	setosa		
37	36	5	3.2	1.2	0.2	setosa		
38	37	5.5	3.5	1.3	0.2	setosa		

图 8-86　iris.csv 文件内容

```
import pandas as pd
import numpy as np
df = pd.read_csv("iris.csv")
print(df)
print(df.dtypes)
```

该例使用 Pandas 中的 pd.read_csv()方法读取了一个名为 iris.csv 的文件,其中,
read_csv()读取的数据类型为 DataFrame,print(df.dtypes)表示使用 df.dtypes()方法查
看每列的数据类型,运行结果如图 8-87 和图 8-88 所示。

2. 读取 CSV 文件并处理缺失值

【例 8-49】　Pandas 读取 CSV 文件并处理缺失值。

(1) 准备 test.csv 文件,内容如图 8-89 所示。

视频讲解

```
     Unnamed: 0  Sepal.Length  ...  Petal.Width  Species
0            1           5.1   ...          0.2   setosa
1            2           4.9   ...          0.2   setosa
2            3           4.7   ...          0.2   setosa
3            4           4.6   ...          0.2   setosa
4            5           5.0   ...          0.2   setosa
5            6           5.4   ...          0.4   setosa
6            7           4.6   ...          0.3   setosa
7            8           5.0   ...          0.2   setosa
8            9           4.4   ...          0.2   setosa
9           10           4.9   ...          0.1   setosa
10          11           5.4   ...          0.2   setosa
11          12           4.8   ...          0.2   setosa
12          13           4.8   ...          0.1   setosa
13          14           4.3   ...          0.1   setosa
14          15           5.8   ...          0.2   setosa
15          16           5.7   ...          0.4   setosa
16          17           5.4   ...          0.4   setosa
```

图 8-87   读取 iris.csv 内容(1)

```
[150 rows x 6 columns]
Unnamed: 0      int64
Sepal.Length    float64
Sepal.Width     float64
Petal.Length    float64
Petal.Width     float64
Species         object
dtype: object
>>>
```

图 8-88   读取 iris.csv 内容(2)

	A	B	C	D
1	name	age	score	
2	wangming	22	90	
3	zhangyu	22		
4	zhanglan		86	
5				
6				
7				
8				
9				

图 8-89   test.csv 文件内容

(2) 读取该文件,代码如下。

```
import pandas as pd
import numpy as np
df = pd.read_csv("test.csv")
print(df)
```

运行结果如图 8-90 所示。

```
       name   age  score
0  wangming  22.0   90.0
1   zhangyu  22.0    NaN
2  zhanglan   NaN   86.0
>>>
```

图 8-90   读取 test.csv 文件

从图 8-90 可以看出,存在缺失数据,在 Python 中用 NaN 表示。
(3) 用字符串 miss 填充有缺失值列的数据,代码如下。

```
print(df.fillna('miss'))
```

运行结果如图 8-91 所示。

```
       name   age score
0  wangming    22    90
1   zhangyu    22  miss
2  zhanglan  miss    86
>>>
```

图 8-91   用字符串 miss 填充有缺失值列的数据

（4）用指定值10填充有缺失值列的数据，代码如下。

```
print(df.fillna(10))
```

运行结果如图8-92所示。

```
        name  age  score
0   wangming  22.0   90.0
1    zhangyu  22.0   10.0
2   zhanglan  10.0   86.0
>>>
```

图8-92 用指定值10填充有缺失值列的数据

（5）用前一个数据代替NaN，代码如下。

```
print(df.fillna(method = 'pad'))
```

运行结果如图8-93所示。

（6）对缺失值的操作，除了填充外，还可以直接删除，使用语句print(df.dropna())删除含有任何缺失值的行，运行结果如图8-94所示。

```
        name  age  score
0   wangming  22.0   90.0
1    zhangyu  22.0   90.0
2   zhanglan  22.0   86.0
>>>
```

图8-93 用前一个数据代替NaN

```
        name  age  score
0   wangming  22.0   90.0
>>>
```

图8-94 删除含有任何缺失值的行

8.6 本章小结

（1）NumPy是Python中科学计算的第三方库，代表Numeric Python。它提供多维数组对象、多种派生对象（如掩码数组、矩阵）以及用于快速操作数组的函数及API。

（2）Pandas是Python中的一个数据分析与清洗的库，Pandas库是基于NumPy库构建的。在Pandas库中包含了大量的标准数据模型，并提供了高效地操作大型数据集所需的工具，以及大量快速便捷地处理数据的函数和方法，使以NumPy为中心的应用变得十分简单。

（3）在进行数据清洗时，有的时候为了方便展示数据，还需要使用到matplotlib库。该库是一个Python的2D绘图库，以各种硬拷贝格式和跨平台的交互式环境生成出版质量级别的图形。

（4）Pandas有两个最基本的数据类型，分别是Series和DataFrame。其中，Series数据类型表示一维数组，与NumPy中的一维array类似，并且二者与Python基本的数据结构list也很相近，DataFrame数据类型则代表二维的表格型数据结构，也可以将DataFrame理解为Series的容器。

（5）Pandas作为在Python中的一个数据分析与清洗的库，在数据清洗中主要用于处理缺失值、重复值和数据合并。

（6）Pandas 中处理 CSV 文件的方法主要为 read_csv() 和 to_csv()，其中，read_csv() 表示读取 csv 文件的内容并返回 DataFrame，to_csv() 则是其逆过程。

8.7 实训

1. 实训目的

通过本章实训了解 Python 数据清洗的特点，能进行简单的与 Python 数据清洗有关的操作。

2. 实训内容

1）对数据集进行清洗和分析

（1）准备 CSV 文件内容如下，并保存为 animal.csv。

```
white,red,blue,pink,black,green,animal
1,2,3,4,5,6,cat
2,3,6,NA,2,3,dog
1,2,5,NULL,7,6,pig
2,3,4,NA,2,1,mouse
```

（2）使用 Pandas 读取 CSV 文件内容，选择第 0～2 行数据，代码如下。

```
import pandas as pd
import numpy as np
df = pd.read_csv("animal.csv")
rows = df[0:3]
print(rows)
```

运行结果如图 8-95 所示。

```
   white  red  blue  pink  black  green animal
0      1    2     3   4.0      5      6    cat
1      2    3     6   NaN      2      3    dog
2      1    2     5   NaN      7      6    pig
```

图 8-95　选择第 0～2 行数据

（3）使用 Pandas 读取 CSV 文件内容，跳过第 1～3 行数据，代码如下。

```
df = pd.read_csv("animal.csv",skiprows = [1,3])
print(df)
```

运行结果如图 8-96 所示。

```
   white  red  blue  pink  black  green animal
0      2    3     6   NaN      2      3    dog
1      2    3     4   NaN      2      1  mouse
```

图 8-96　跳过第 1～3 行数据

（4）使用 Pandas 读取 CSV 文件内容，选择 white 大于 1 的数据，代码如下。

```
print(df[df.white > 1])
```

运行结果如图 8-97 所示。

```
   white  red  blue  pink  black  green  animal
1      2    3     6   NaN      2      3     dog
3      2    3     4   NaN      2      1   mouse
```

图 8-97　选择 while 大于 1 的数据

（5）使用 Pandas 读取 CSV 文件内容，选择 blue 大于 3 且 green 大于 3 的数据，代码如下。

```
print(df[(df.blue > 3)&(df.green > 3)])
```

运行结果如图 8-98 所示。

```
   white  red  blue  pink  black  green  animal
2      1    2     5   NaN      7      6     pig
```

图 8-98　选择 blue 大于 3 且 green 大于 3 的数据

（6）使用 Pandas 读取 CSV 文件内容，并删除有缺失值行的数据，代码如下。

```
print(df.dropna(axis = 0))
```

运行结果如图 8-99 所示。

```
   white  red  blue  pink  black  green  animal
0      1    2     3   4.0      5      6     cat
```

图 8-99　删除有缺失值行的数据

（7）使用 Pandas 读取 CSV 文件内容，并删除有缺失值列的数据，代码如下。

```
print(df.dropna(axis = 1))
```

运行结果如图 8-100 所示。

```
   white  red  blue  black  green  animal
0      1    2     3      5      6     cat
1      2    3     6      2      3     dog
2      1    2     5      7      6     pig
3      2    3     4      2      1   mouse
```

图 8-100　删除有缺失值列的数据

（8）使用 Pandas 读取 CSV 文件内容，并用字符串 miss 填充有缺失值列的数据，代码如下。

```
print(df.fillna('miss'))
```

运行结果如图 8-101 所示。

```
   white  red  blue  pink  black  green animal
0      1    2     3     4      5      6    cat
1      2    3     6  miss      2      3    dog
2      1    2     5  miss      7      6    pig
3      2    3     4  miss      2      1  mouse
```

图 8-101　用字符串 miss 填充有缺失值列的数据

（9）使用 Pandas 读取 CSV 文件内容，并用指定值 5 填充有缺失值列的数据，代码如下。

```
print(df.fillna(5))
```

运行结果如图 8-102 所示。

```
   white  red  blue  pink  black  green animal
0      1    2     3   4.0      5      6    cat
1      2    3     6   5.0      2      3    dog
2      1    2     5   5.0      7      6    pig
3      2    3     4   5.0      2      1  mouse
```

图 8-102　用指定值 5 填充有缺失值列的数据

2）导入泰坦尼克数据集查看并进行清洗

（1）准备泰坦尼克数据集 train.csv，部分内容如图 8-103 所示。

	A	B	C	D	E	F	G	H	I	J	K	L
1	Passenger	Survived	Pclass	Name	Sex	Age	SibSp	Parch	Ticket	Fare	Cabin	Embarked
2	1	0	3	Braund, M	male	22	1	0	A/5 21171	7.25		S
3	2	1	1	Cumings,	female	38	1	0	PC 17599	71.2833	C85	C
4	3	1	3	Heikkinen	female	26	0	0	STON/O2.	7.925		S
5	4	1	1	Futrelle,	female	35	1	0	113803	53.1	C123	S
6	5	0	3	Allen, Mr	male	35	0	0	373450	8.05		S
7	6	0	3	Moran, Mr	male		0	0	330877	8.4583		Q
8	7	0	1	McCarthy,	male	54	0	0	17463	51.8625	E46	S
9	8	0	3	Palsson,	male	2	3	1	349909	21.075		S
10	9	1	3	Johnson,	female	27	0	2	347742	11.1333		S
11	10	1	2	Nasser, M	female	14	1	0	237736	30.0708		C
12	11	1	3	Sandstrom	female	4	1	1	PP 9549	16.7	G6	S
13	12	1	1	Bonnell,	female	58	0	0	113783	26.55	C103	S
14	13	0	3	Saunderco	male	20	0	0	A/5. 2151	8.05		S
15	14	0	3	Andersson	male	39	1	5	347082	31.275		S
16	15	0	3	Vestrom,	female	14	0	0	350406	7.8542		S
17	16	1	2	Hewlett,	female	55	0	0	248706	16		S
18	17	0	3	Rice, Mas	male	2	4	1	382652	29.125		Q
19	18	1	2	Williams,	male		0	0	244373	13		S
20	19	0	3	Vander Pl	female	31	1	0	345763	18		S
21	20	1	3	Masselmar	female		0	0	2649	7.225		C
22	21	0	2	Fynney, M	male	35	0	0	239865	26		S
23	22	1	2	Beesley,	male	34	0	0	248698	13	D56	S
24	23	1	3	McGowan,	female	15	0	0	330923	8.0292		Q
25	24	1	1	Sloper, M	male	28	0	0	113788	35.5	A6	S
26	25	0	3	Palsson,	female	8	3	1	349909	21.075		S
27	26	1	3	Asplund,	female	38	1	5	347077	31.3875		S

图 8-103　train.csv 部分内容

（2）查看该数据集标签含义，如下所示。
- PassengerId：乘客序号；
- Survived：0 代表"否"，1 代表"是"；
- Pclass：代表客舱等级；
- Name：乘客姓名；
- Sex：性别；
- Age：年龄；
- SibSp：由两部分组成，Sibling 代表兄弟姐妹，Spouse 代表丈夫或妻子；

- Parch：父母和孩子组成，若只跟保姆则写 0；
- Ticket：票号；
- Fare：票价；
- Cabin：船舱号；
- Embarked：登船港口，C＝Cherbourg，Q＝Queenstown，S＝Southampton。

（3）用 Python 引入该数据集，并查看数据的维度，查看各列的缺失值情况，代码如下。

```
import pandas as pd
import numpy as np
import matplotlib.pyplot as plt
# 加载文件,注意：路径名称如果有中文,加上参数 engine = 'python'
train_df = pd.read_csv('train.csv', engine = 'python')
train_df.head(3)
# 查看数据的维度
(' === 数据维度：{:}行{:}列 === \n'.format(train_df.shape[0],train_df.shape[1]))
# 查看每列的名称、含义、数据类型
print(' === 各列数据类型如下： === ')
train_df.info()
# 查看各列的缺失值情况
print('\n === 各列的缺失值情况如下： === ')
train_df.info()
```

运行结果如图 8-104 所示。

```
RESTART: D:/Users/xxx/AppData/Local/Programs/Python/Python37/数据清洗/泰坦尼克0
1.py
===数据维度：891行12列===

===各列数据类型如下：===
<class 'pandas.core.frame.DataFrame'>
RangeIndex: 891 entries, 0 to 890
Data columns (total 12 columns):
PassengerId    891 non-null int64
Survived       891 non-null int64
Pclass         891 non-null int64
Name           891 non-null object
Sex            891 non-null object
Age            714 non-null float64
SibSp          891 non-null int64
Parch          891 non-null int64
Ticket         891 non-null object
Fare           891 non-null float64
Cabin          204 non-null object
Embarked       889 non-null object
dtypes: float64(2), int64(5), object(5)
memory usage: 83.6+ KB

===各列的缺失值情况如下：===
<class 'pandas.core.frame.DataFrame'>
RangeIndex: 891 entries, 0 to 890
Data columns (total 12 columns):
PassengerId    891 non-null int64
Survived       891 non-null int64
Pclass         891 non-null int64
Name           891 non-null object
Sex            891 non-null object
Age            714 non-null float64
SibSp          891 non-null int64
Parch          891 non-null int64
Ticket         891 non-null object
Fare           891 non-null float64
Cabin          204 non-null object
Embarked       889 non-null object
dtypes: float64(2), int64(5), object(5)
memory usage: 83.6+ KB
>>>
```

图 8-104　查看数据的维度以及各列的缺失值情况

从图 8-104 可以看出,该数据集的 Age,Cabin,Embarked 列存在缺失值,需要进行清洗。

(4) 直接查看列名,代码如下。

```
print(train_df.columns.values)
```

运行结果如图 8-105 所示。

```
RESTART: D:/Users/xxx/AppData/Local/Programs/Python/Python37/数据清洗/泰坦尼克0
3.py
['PassengerId' 'Survived' 'Pclass' 'Name' 'Sex' 'Age' 'SibSp' 'Parch'
 'Ticket' 'Fare' 'Cabin' 'Embarked']
>>>
```

图 8-105 查看列名

(5) 查看数据的分布,或者检查是否有数据缺失,代码如下。

```
print(train_df.describe())
```

运行结果如图 8-106 所示。

```
RESTART: D:/Users/xxx/AppData/Local/Programs/Python/Python37/数据清洗/泰坦尼克0
2.py
       PassengerId    Survived    ...        Parch        Fare
count   891.000000  891.000000    ...   891.000000  891.000000
mean    446.000000    0.383838    ...     0.381594   32.204208
std     257.353842    0.486592    ...     0.806057   49.693429
min       1.000000    0.000000    ...     0.000000    0.000000
25%     223.500000    0.000000    ...     0.000000    7.910400
50%     446.000000    0.000000    ...     0.000000   14.454200
75%     668.500000    1.000000    ...     0.000000   31.000000
max     891.000000    1.000000    ...     6.000000  512.329200

[8 rows x 7 columns]
```

图 8-106 查看数据的分布

(6) 由于 Cabin 列中缺失值太多,因此可以直接删除,代码如下。

```
train_df = train_df.drop("Cabin", axis = 1)
```

执行该操作后再查看数据集列名,运行结果如图 8-107 所示。

```
>>>
RESTART: D:/Users/xxx/AppData/Local/Programs/Python/Python37/数据清洗/泰坦尼克0
5.py
['PassengerId' 'Survived' 'Pclass' 'Name' 'Sex' 'Age' 'SibSp' 'Parch'
 'Ticket' 'Fare' 'Embarked']
>>>
```

图 8-107 删除 Cabin 列

从图 8-107 可以看出,此时的数据集中只有 11 列,Cabin 列已经被删除。

(7) 填充 Age 列,在这里根据未缺失的样本中各年龄出现的概率,随机选择适当的年龄进行填充,代码如下。

```
s = train_df['Age'].value_counts(normalize = True)
missing_age = train_df['Age'].isnull()
train_df.loc[missing_age, 'Age'] = np.random.choice(s.index, size = len(train_df[missing_
age]), p = s.values)
print(train_df['Age'])
```

运行结果如图 8-108 所示。

```
RESTART: D:/Users/xxx/AppData/Local/Programs/Python/Python37/数据清洗/泰坦尼克0
6.py
0        22.00
1        38.00
2        26.00
3        35.00
4        35.00
5        17.00
6        54.00
7         2.00
8        27.00
9        14.00
10        4.00
11       58.00
12       20.00
13       39.00
14       14.00
15       55.00
16        2.00
17        0.83
18       31.00
19       18.00
20       35.00
21       34.00
22       15.00
23       28.00
24        8.00
25       38.00
26       37.00
27       19.00
28       28.00
29       34.00
```

图 8-108　填充 Age 列

（8）用所有人年龄的中位数填充 Age 列，代码如下。

```
age_median = train_df.Age.median()
train_df.Age.fillna(age_median, inplace = True)
print(train_df['Age'])
```

运行结果如图 8-109 所示。

```
RESTART: D:/Users/xxx/AppData/Local/Programs/Python/Python37/数据清洗/泰坦尼克0
7.py
0        22.0
1        38.0
2        26.0
3        35.0
4        35.0
5        28.0
6        54.0
7         2.0
8        27.0
9        14.0
10        4.0
11       58.0
12       20.0
13       39.0
14       14.0
15       55.0
16        2.0
17       28.0
18       31.0
19       28.0
20       35.0
21       34.0
22       15.0
23       28.0
24        8.0
25       38.0
26       28.0
27       19.0
```

图 8-109　用中位数填充 Age 列

（9）Embarked 列只缺失两个值，所以可以直接采用最简单的方法填充值，代码如下。

```
train_df['Embarked'] = train_df['Embarked'].fillna(method = 'ffill')
print(train_df['Embarked'])
```

运行结果如图 8-110 所示。

图 8-110　填充 Embarked 列

总结：在进行数据清洗时，可以使用的填充方法如下。

填充固定值：选取某个固定值/默认值填充缺失值，语句为 train.fillna(0, inplace＝True)。

填充均值：对每列的缺失值，填充当列的均值，语句为 train_data.fillna(train_data.mean(),inplace＝True)。

填充中位数：对每列的缺失值，填充当列的中位数，语句为 train_data.fillna(train_data.median(),inplace＝True)。

3) 写入数据集，并对该数据集进行操作

（1）创建数据集，包含 4 位员工的信息（姓名、年龄和月薪），并输出数据集全部数据以及只输出月薪数据，代码如下。

视频讲解

```
import pandas as pd
dt = {'name':['张燕','黎明','李刚','鸿宇'],'age':['21','23','34','24'],'salary':['5000','4000',
'7000','6000']}
df = pd.DataFrame(dt)
print(df)
print(df['salary'])
```

运行结果如图 8-111 所示。

```
= RESTART: D:/Users/xxx/AppData/Local/Programs/Python/Python37/数据清洗/实训8-3.
py =
   name age salary
0  张燕  21   5000
1  黎明  23   4000
2  李刚  34   7000
3  鸿宇  24   6000
0      5000
1      4000
2      7000
3      6000
Name: salary, dtype: object
>>> |
```

图 8-111 输出结果

（2）将姓名为"李刚"的员工月薪调整为 10000，代码如下。

```
df['salary'][df['name'] == '李刚'] = 10000
```

运行结果如图 8-112 所示。

```
   name age salary
0  张燕  21   5000
1  黎明  23   4000
2  李刚  34   10000
3  鸿宇  24   6000
>>> |
```

图 8-112 调整员工月薪值

（3）删除姓名为"鸿宇"的员工数据，代码如下。

```
df.drop([3], axis = 0, inplace = True)
```

运行结果如图 8-113 所示。

（4）找出月薪值等于 5000 的员工的数据，代码如下。

```
df = df[df['salary'] == '5000']
```

运行结果如图 8-114 所示。

```
   name age salary
0  张燕  21   5000
1  黎明  23   4000
2  李刚  34   10000
>>> |
```

图 8-113 删除某员工数据

```
   name age salary
0  张燕  21   5000
>>> |
```

图 8-114 筛选某员工数据

4）导入外部数据集并对该数据集进行清洗和整理

（1）导入外部文档 file10.xls，内容如图 8-115 所示。

（2）读取该 XLS 文档，并读取其中第 0～4 行数据，代码如下。

```
import pandas as pd
import numpy as np
df = pd.read_excel("file10.xls")
rows = df[0:5]
print(rows)
```

	A	B	C	D	E
1	序号	商品	价格	成交量	卖家位置
2	1	男鞋2019朝鞋英伦休闲鞋子春夏季板鞋鞋韩	236	4	福建
3	2	秋季内增高男鞋百搭男士运动鞋低帮休闲鞋子	368	209	浙江
4	3	军迷T恤特种兵T恤男翻领军长袖春秋外套衣	198	46	北京
5	4	Dr.Martens马汀博士1461经典3孔马丁单鞋	1299	214	上海
6	5	奥莱购off ow white blazer aj1 af1 presto hd2017联名男女朝鞋	1090	21	江苏
7	6	男鞋运动鞋2018新款春秋季男士正品跑步	88	419	江苏
8	7	夏季中年男鞋透气网面男士爸爸鞋子男30-	171.4	171	浙江
9	8	特卖骆驼男鞋春季真皮户外工装鞋厚底休闲鞋	869	33	北京
10	9	舒适铆钉夏季轻便人字拖男鞋凉拖鞋防滑平	148	13	广东
11	10	老北京工艺布鞋中老年爸爸男军单板鞋开车鞋	99	2	河北
12					

图 8-115　导入外部文档内容

语句 rows＝df[0:5]用于选择第 0～4 行数据,运行结果如图 8-116 所示。

```
    序号                              商品      价格  成交量 卖家位置
0    1            男鞋2019朝鞋英伦休闲鞋子春夏季板鞋鞋韩  236.0    4   福建
1    2        秋季内增高男鞋百搭男士运动鞋低帮休闲鞋子  368.0  209   浙江
2    3        军迷T恤特种兵T恤男翻领军长袖春秋外套衣  198.0   46   北京
3    4           Dr.Martens马汀博士1461经典3孔马丁单鞋  1299.0  214   上海
4    5  奥莱购off ow white blazer aj1 af1 presto hd2017联名...  1090.0   21   江苏
>>>
```

图 8-116　读取第 0～4 行数据

(3) 读取其中多列数据,代码如下。

```
import pandas as pd
import numpy as np
df = pd.read_excel("file10.xls")
cols = df[['商品','价格']]
print(cols.head())
```

语句 cols＝df[['商品','价格']]读取了"商品"列和"价格"列的数据,运行结果如图 8-117
所示。

```
                                商品      价格
0            男鞋2019朝鞋英伦休闲鞋子春夏季板鞋鞋韩  236.0
1        秋季内增高男鞋百搭男士运动鞋低帮休闲鞋子  368.0
2        军迷T恤特种兵T恤男翻领军长袖春秋外套衣  198.0
3           Dr.Martens马汀博士1461经典3孔马丁单鞋  1299.0
4  奥莱购off ow white blazer aj1 af1 presto hd2017联名...  1090.0
>>>
```

图 8-117　读取其中多列数据

(4) 读取该 XLS 文档,并根据条件过滤数据,代码如下。

```
import pandas as pd
import numpy as np
df = pd.read_excel("file10.xls")
print(df[(df['价格']<200)])
```

语句 print(df[(df['价格']＜200)])读取了价格小于 200 的商品数据,运行结果如
图 8-118 所示。

```
       序号                       商品         价格   成交量 卖家位置
2     3  军迷T恤特种兵T恤男翻领军长袖春秋外套衣   198.0   46      北京
5     6  男鞋运动鞋2018新款春秋季男士正品跑步    88.0  419    江苏
6     7  夏季中年男鞋透气网面男士爸爸鞋子男30-    171.4  171    浙江
8     9  舒适 铆钉夏季轻便人字拖男鞋京拖鞋防滑平  148.0   13    广东
9    10  老北京工艺布鞋中老年爸爸男军单板鞋开车鞋   99.0    2    河北
>>>
```

图 8-118　读取价格小于 200 的商品数据

（5）读取该 XLS 文档，并创建一个新列，代码如下。

```
import pandas as pd
import numpy as np
df = pd.read_excel("file10.xls")
df['销售额'] = df['价格'] * df['成交量']
print(df.head())
```

语句 df['销售额']＝df['价格']＊df['成交量']创建了一个新列"销售额"，并且该列的数据为价格×成交量，运行结果如图 8-119 所示。

（6）对数据进行分组，代码如下。

```
import pandas as pd
import numpy as np
df = pd.read_excel("file10.xls")
grouped = df['成交量'].groupby(df['卖家位置'])
print(grouped.mean())
```

语句 grouped＝df['成交量']．groupby(df['卖家位置'])按"卖家位置"进行分组，并计算"成交量"列的平均值，运行结果如图 8-120 所示。

```
     序号  ...        销售额
0     1  ...      944.0
1     2  ...    76912.0
2     3  ...     9108.0
3     4  ...   277986.0
4     5  ...    22890.0

[5 rows x 6 columns]
>>>
```

```
卖家位置
上海    214.0
北京     39.5
广东     13.0
江苏    220.0
河北      2.0
浙江    190.0
福建      4.0
Name: 成交量, dtype: float64
>>>
```

图 8-119　创建一个新列　　　　　　图 8-120　对数据进行分组

习题 8

（1）请阐述 NumPy 的特点。

（2）请阐述 Pandas 的特点。

（3）如何使用 Pandas 进行数据清洗？

（4）如何填充缺失值？

第  章

DataCleaner数据分析与清洗

本章学习目标

- 了解 DataCleaner
- 了解 DataCleaner 的安装
- 掌握 DataCleaner 的基本使用方法
- 熟悉 DataCleaner 的数据分析与清洗方式

本章先介绍 DataCleaner 的概念,再介绍 DataCleaner 的安装与运行,接着介绍 DataCleaner 的基本使用方法,最后介绍如何使用 DataCleaner 进行数据分析与清洗。

9.1 DataCleaner 简介

视频讲解

9.1.1 DataCleaner 概述

1. DataCleaner 是什么

DataCleaner 是一个简单、易于使用的针对数据质量的应用工具,旨在分析、比较、验证和监控数据。它能够将凌乱的半结构化数据集转换为所有可视化软件可以读取的干净的数据集。此外,DataCleaner 还提供数据仓库和数据管理服务。

在架构中,DataCleaner 提供了一种和 Kettle 类似的运行模式。它工作在图形界面下,通过数据源选择、组件拖动、参数配置、结果输出等一系列操作过程,将最终结果保存为一个任务文件(*.xml)。

DataCleaner 的特点为可以访问多种不同类型的数据存储,如 Oracle、MySQL、MS

CSV 文件等。DataCleaner 还可以作为引擎清理、转换和统一来自多个数据存储的数据，并将其统一到主数据的单一视图中。

2. DataCleaner 的安装与运行

DataCleaner 环境要求如下。

(1) 一台有图形界面的计算机(命令行模式除外)。

(2) 已经安装了 Java 7 或以上版本。

要使用 DataCleaner,需首先在网上下载软件,本书使用的版本是 5.1.5(本书配有 DataCleaner 软件),直接解压运行即可。如已经安装成功,则在安装目录下直接双击 DataCleaner 图标即可运行,如图 9-1 所示。

名称	修改日期	类型	大小
lib	2016/11/21 12:04	文件夹	
COPYING	2016/11/21 12:04	文本文档	8 KB
DataCleaner	2016/11/21 12:30	应用程序	48 KB
DataCleaner	2016/11/21 12:04	Executable Jar File	94 KB
DataCleaner-console	2016/11/21 12:30	应用程序	45 KB
NOTICE	2016/11/21 12:04	文本文档	1 KB

图 9-1　运行 DataCleaner

图 9-2 显示了 DataCleaner 的运行界面。

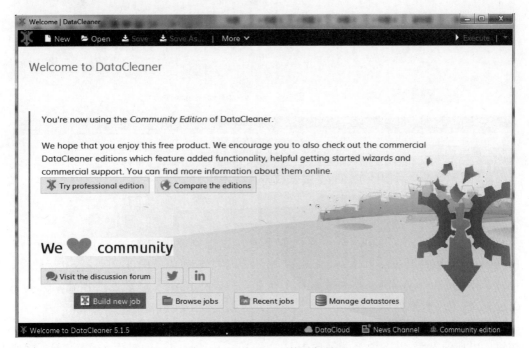

图 9-2　DataCleaner 的运行界面

9.1.2 DataCleaner 界面认识

1. 菜单栏

DataCleaner 菜单栏中主要包含 New,Open,Save,Save As 和 More 等多个菜单项。其中,New 表示新建一个任务;Open 表示打开一个任务;Save 表示保存任务;Save As 表示将任务另存为某种格式;More 用于实现更多操作,如图 9-3 所示。

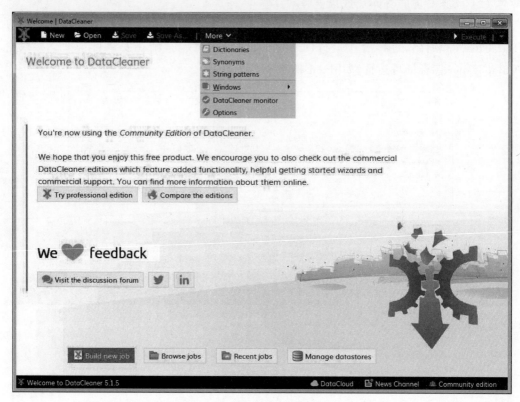

图 9-3　DataCleaner 菜单栏

此外,在菜单栏右侧的 Execute 表示执行所选操作。

2. 作业区

作业区位于 DataCleaner 运行界面的下方。在作业区中主要包含 Build new job, Browse jobs,Recent jobs 和 Manage datastores 等多个按钮。其中,Build new job 表示新建一个作业;Browse jobs 表示浏览某个作业;Recent jobs 表示最近的作业;Manage datastores 表示管理数据仓库。

图 9-4 显示了单击 Build new job 按钮后出现的界面;图 9-5 显示了单击 Browse jobs 按钮后出现的界面;图 9-6 显示了单击 Recent jobs 按钮后出现的界面;图 9-7 显示了单击 Manage datastores 按钮后出现的界面。

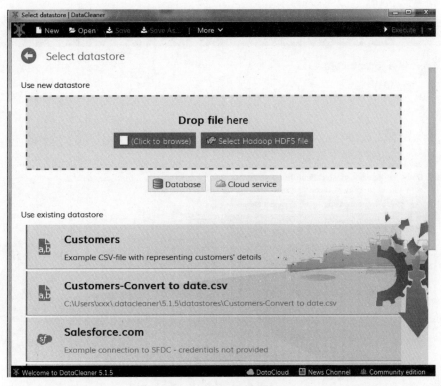

图 9-4 新建作业界面

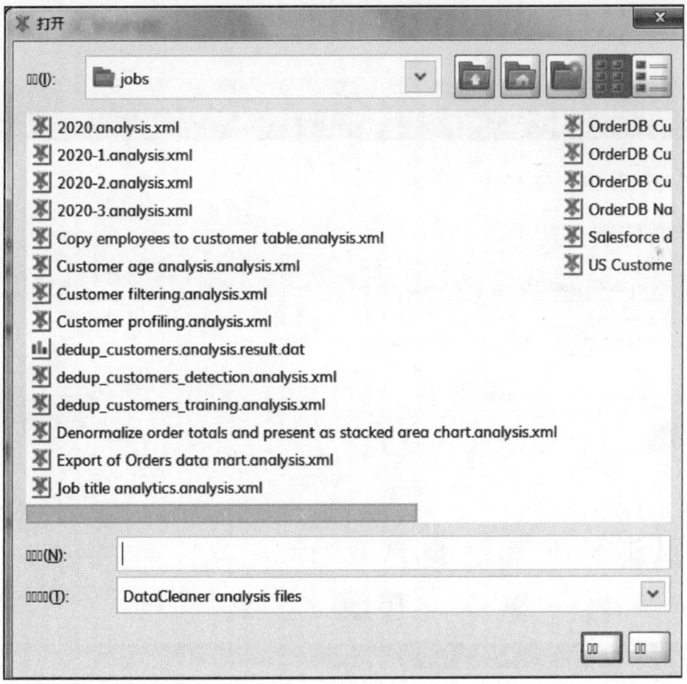

图 9-5 打开作业界面

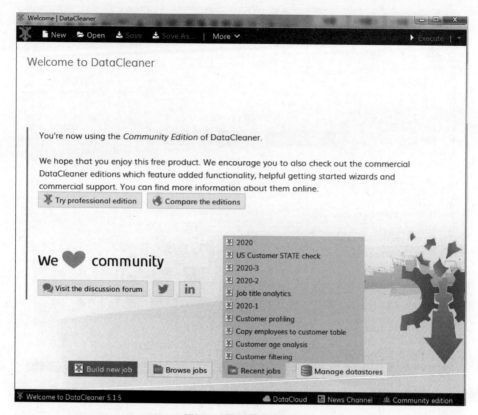

图 9-6　最近作业界面

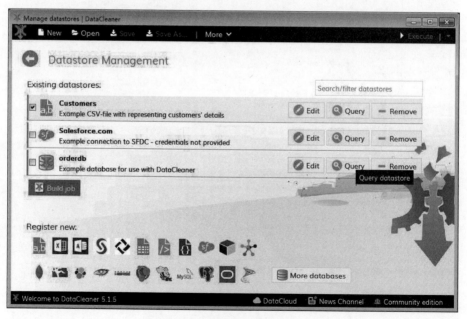

图 9-7　数据仓库管理界面

9.2 DataCleaner 应用

9.2.1 认识 DataCleaner

1. 导入并查看数据

（1）运行 DataCleaner，单击 Build new job 按钮，进入 Select datastore 界面，并选择 Customers 选项，如图 9-8 所示。该选项是使用 DataCleaner 自带的 customers. csv 数据集，除此之外，用户也可以导入外部数据文件。

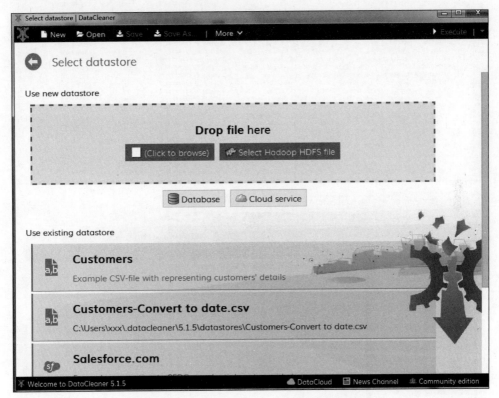

图 9-8　运行 DataCleaner 并选择自带的数据集

customers. csv 数据集部分内容如图 9-9 所示，该数据集总共有 5115 行数据。

（2）在作业区左边显示的是 customers. csv 数据集的基本数据情况和每个字段的情况，在中间作业区则显示该数据集的名称，如图 9-10 所示。

（3）在左侧列表中右击 customers. csv 图标，在弹出的快捷菜单中选择 Quick analysis，对所有的数据字段进行分析并查看，如图 9-11 所示。

（4）在弹出的对话框中可以清楚地看到该数据集中的所有字段情况，如图 9-12 所示。

（5）如果要查看某个字段的分析情况，也可以执行同样的操作，图 9-13 所示为选中 id 字段的情况。

id	given_name	family_name	company	address_l	post_code	city	country	email	birthdate	gender	job_title	income_am	income_currency
53	Paul	Taylor	Tesoro	8, Dyfri	CF5 5AE	Cardiff	GBR	Paul.Tayl	########	U	ETL Devel	77258	GBP
188	Bibi	Asuncion	Nationwi	16215 AL	CA 92618	IRVINE	USA	Bibi.Asur	1985.8.27	F	test	101664	USD
189	Robert	Shanahan	Plains Al	124, Park	EN6 5EL	Potters B	GBR	Robert.Sh	1991/6/5	M	Enginner	95723	GBP
191	Stephen	Sheridan	Exxon Mol	Britten D	EX328AQ	Barnstapl	GBR	Stephen.S	########	M	Programme	75443	GBP
209	Gerner	Kristense	Best Buy	Lindealle	3600	Frederiks	DNK	Gerner.Kr	########	M	Network A	392441	DKR
208	Sonja	Ermer	Comcast	Arndtstr.	23566	Lübeck	DEU	Sonja.Erm	########	F	Sr. Consu	35809	EUR
210	BOBBI	Miranda	Wells Far	757 THIRT	NY 10017	NEW YORK	USA	BOBBI.Mir	1964/9/4	M	Student	157108	USD
212	James	Daves	Ingram M	132, Mase	RM3 7PP	Romford	GBR	James.Dav	1951/7/2	M	Student	68148	GBP
211	Douwe Job	Gottemake	Kroger	Rousseaus	3076 HX	ROTTERDAN	NLD	Douwe Job	########	F	Senior An	42033	EUR
213	Ahmed Z	Foster	Hess	Morris Co	SE5 8HS	London	GBR	Ahmed Z.F	########	F	Consultar	72587	GBP
120	Jürgen	Franconet	Freddie	Grenzweg	1936	Königsbr	DEU	Jürgen.F	########	F	dr	73976	EUR
122	Rainer	Altmeyer	Plains Al	Krummstr.	40789	Monheim	germany	Rainer.Al	########	M	Consultar	47438	EUR
126	Caroline	Ralph	American	Britten D	EX328AQ	Barnstapl	GBR	Caroline.	########	F	System An	99547	GBP
128	A Ben	FAKAHANY	Bank of A	110 E 59T	NY 10022	NEW YORK	USA	A Ben.FAK	2008.2.12	U	it	92495	USD
129	Gunter	Schneider	General D	Goldstein	60528	Frankfurt	DEU	Gunter.Sc	2013/3/3	F	student	96648	EUR
80	Frans	van Busse	Procter &	van Tienh	2613 XD	DELFT	NLD	Frans.var	########	M	test	74525	EUR
130	Felix	Spagnolet	Prudentia	88, Oswal	BB1 7EZ	Blackburr	GBR	Felix.Spa	1993/8/6	F	SA	48080	GBP
79	Anne Mari	Setton	Best Buy	140 HILLS	NJ 8840	METUCHEN	USA	Anne Mari	########	M	DEV	58540	USD
134	Lutz	Knussmann	Apple	Im Unterg	38527	Meine	DEU	Lutz.Knus	########	M	Staff Eng	109384	EUR
133	Shania	Streit	Apple	71 CHERRY	MA 1915	BEVERLY	USA	Shania.St	########	F	developer	159690	USD
135	Hans-Jür	Narula	Procter &	Karl-Roll	84307	Eggenfeld	DEU	Hans-Jür	########	M	Data Ware	79892	EUR
136	Iain	Janes	Express	Malcolms	SW1V3RP	London	GBR	Iain.Jane	########	M	DBA	90457	GBP
140	Patrick	Miles	Oracle	2934 DEVI	IA 52722	BETTENDOR	USA	Patrick.N	########	F	teacher	54088	USD
139	Arthur	Procter	Home Depc	3, St Ste	M24 6DS	Mancheste	GBR	Arthur.Pr	1964/2/5	M	MD	49678	GBP
141	Maximilia	Lichtingh	Intel	Gregor-Me	73630	Remshalde	DEU	Maximilia	########	U	BI Manage	76838	EUR
142	Sabine	Vieth	Apple	Bergmanns	49377	Vechta	DEU	Sabine.Vi	########	F	xxx	36473	EUR
143	Anna Mari	JOHNSON	PepsiCo	5b, Moss	SE207BW	London	GBR	Anna Mari	########	F	employee	54973	GBP
78	Stine	Bendtsen	Boeing	Tietgensg	1530	København	DNK	Stine.Ber	########	F	Data Spec	378554	DKR
144	Jacobus C	Bekhuis	Prudentia	Talmaastr	9645 GA	VEENDAM	NLD	Jacobus C	1975/9/4	F	CEO	68064	EUR
55	Namhoham	Bradbury	Johnson	274b, Bro	SE4 2SF	London	GBR	Namhoham.	1993/9/2	M	IT Specie	38239	GBP
31	ASHOK	HARRAF	Caterpill	WE-203C,	NJ 8807	BRIDGEWAT	USA	ASHOK.HAF	########	M	Developer	193266	USD
138	Branch	Roy	Nationwi	969 SOUTH	CA 91724	COVINA	USA	Branch.Rc	########	M	SQL Devel	133852	USD
58	Dick	Lightfoot	Freddie N	41, Parkw	DA184HG	Erith	GBR	Dick.Ligh	########	U	engineer	30528	GBP
217	Manuel	Rupp	Intel	Dorfstr.	93098	Mintrachi	DEU	Manuel.Ru	########	M	engineer	85535	EUR
16	Steve	Ebbrell	Apple	7, Merrie	SO532FQ	Eastleigh	GBR	Steve.Ebb	########	M	pm	63807	GBP
59	Erhard	Schollenk	Kroger	Heidenhei	73312	Geislinge	DEU	Erhard.Sc	1958/7/3	F	.	72800	EUR
63	Carolyn	Robinson	Comcast	1100 WINT	MA 2451	WALTHAM	USA	Carolyn.F	1958/1/8	M	Senior As	103400	USD
190	Cary H	THOMPSON	UnitedHea	CASPER CT	6810	DANBURY	USA	Cary H.TE	########	M	Systems B	71936	USD
64	Wilfred	Hosking	Exxon Mol	Rivermead	SW6 3SF	London	Great Bri	Wilfred.E	1953/9/7	M	Digital M	61196	GBP
65	GILBERT	Starzyk	Enterpris	5801 BRIG	CO 80022-	COMMERCE	United st	GILBERT.S	########	F	Computer	149645	USD
66	Alton	Caplan	American	12911 SUT	MD 20720	BOWIE	USA	Alton.Cap	1973/7/1	M	Applicati	195380	USD
67	Hugh	Molloy	General D	30, Willi	NN155LN	Kettering	GBR	Hugh.Moll	########	F	Business	70370	GBP
68	Klaus-Die	Tenneweir	American	Geschwrw	48161	Münster	DEU	Klaus-Die	1966/7/2	M	Database	35177	EUR

图 9-9 customers.csv 数据集部分内容

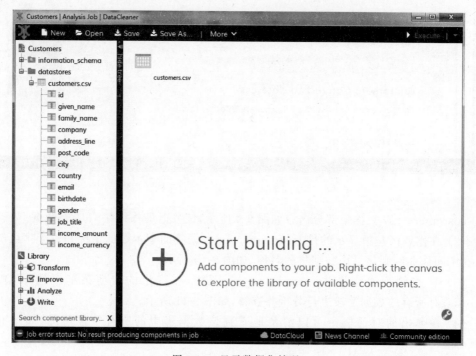

图 9-10 显示数据集情况

图 9-11　分析并查看数据

	id	given_name	family_name	company	address_line
Row count	5115	5115	5115	5115	5115
Null count	0	0	0	0	0
Blank count	0	4	2	7	11
Entirely uppercase count	0	513	370	196	1281
Entirely lowercase count	0	70	4	0	0
Total char count	19353	31333	35843	66810	95447
Max chars	4	25	22	35	51
Min chars	1	0	0	0	0
Avg chars	3.784	6.126	7.007	13.062	18.66
Max white spaces	0	3	3	4	7
Min white spaces	0	0	0	0	0
Avg white spaces	0	0.162	0.059	0.865	2.23
Uppercase chars	0	7653	7425	10893	24103
Uppercase chars (excl. first letters)	0	2545	2394	5695	18903
Lowercase chars	0	22504	28026	50614	43503
Digit chars	19353	0	0	106	12678
Diacritic chars	0	87	229	48	351
Non-letter chars	19353	1176	392	5303	27841
Word count	5115	5928	5413	9473	16459
Max words	1	3	4	5	8
Min words	1	0	0	0	0

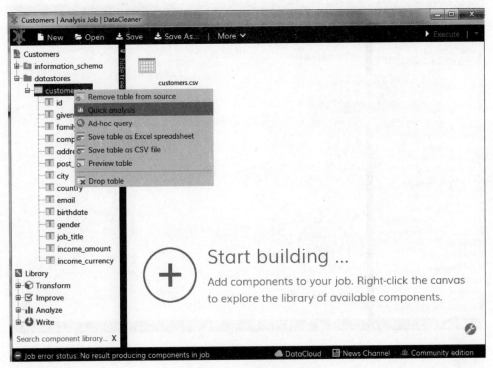

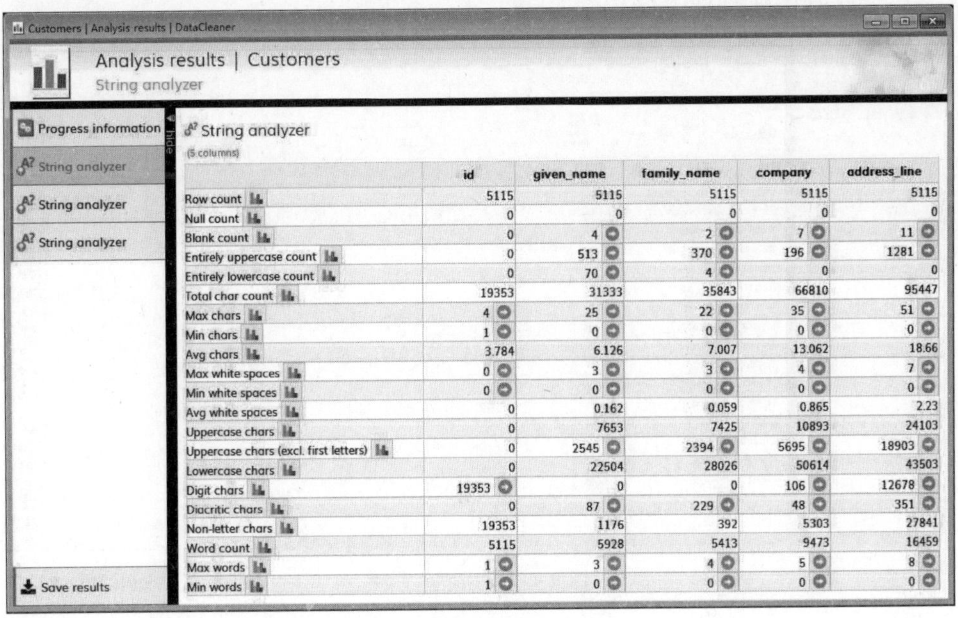

图 9-12　查看数据分析结果

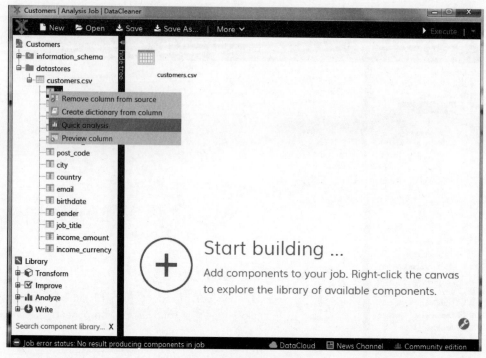

图 9-13　选中 id 字段

（6）在弹出的对话框中可以查看 id 字段的所有情况，如图 9-14 所示。

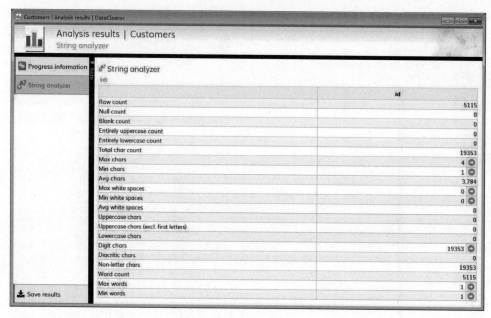

图 9-14　查看 id 字段

（7）返回到工作界面，在工作区右击 customers. csv 图标，在弹出的快捷菜单中选择
Preview data，查看该数据集中的所有数据情况，如图 9-15 所示。

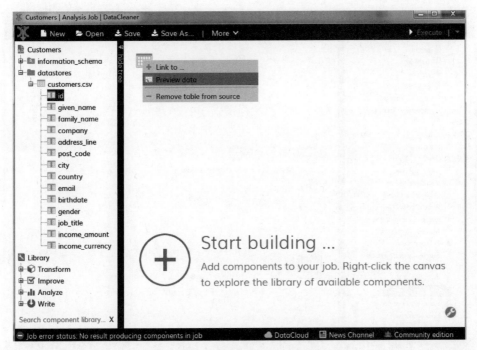

图 9-15 查看 customers.csv 数据

（8）在弹出的对话框中可查看数据，如图 9-16 所示。

id	given_name	family_name	company	address_line	post_code	city	country	
53	Paul	Taylor	Tesoro	8, Dyfrig Close	CF5 5AE	Cardiff	GBR	P
188	Bibi	Asuncion	Nationwide	16215 ALTO...	CA 92618	IRVINE	USA	B
189	Robert	Shanahan	Plains All ...	124, Park Av...	EN6 5EL	Potters Bar	GBR	R
191	Stephen	Sheridan	Exxon Mo...	Britten Drive, ...	EX328AQ	Barnstaple	GBR	S
209	Gerner	Kristensen	Best Buy	Lindealle 3, ST.	3600	Frederikss...	DNK	G
208	Sonja	Ermer	Comcast	Arndtstr. 16	23566	Lübeck	DEU	S
210	BOBBI	Miranda	Wells Fargo	757 THIRD A...	NY 10017	NEW YORK	USA	B
212	James	Dawes	Ingram M...	32, Masefield...	RM3 7PP	Romford	GBR	Jo
211	Douwe Joha...	Gottemaker	Kroger	Rousseaustra...	3076 HX	ROTTERD...	NLD	D
213	Ahmed Z	Foster	Hess	Morris Court, ...	SE5 8HS	London	GBR	A
120	Jürgen	Franconetti	Freddie M...	Grenzweg 10	1936	Königsbrü...	DEU	Jü
122	Rainer	Altmeyer	Plains All ...	Krummstr. 45	40789	Monheim ...	germany	R
126	Caroline	Ralph	American ...	Britten Drive, ...	EX328AQ	Barnstaple	GBR	C

图 9-16 customers.csv 数据

2. 分析数据

（1）DataCleaner 除了可以查看数据，也可以对数据进行各种分析。在左侧列表选择
Analyze→Unique key check，该操作是查看字段的数据重复率，如图 9-17 所示。

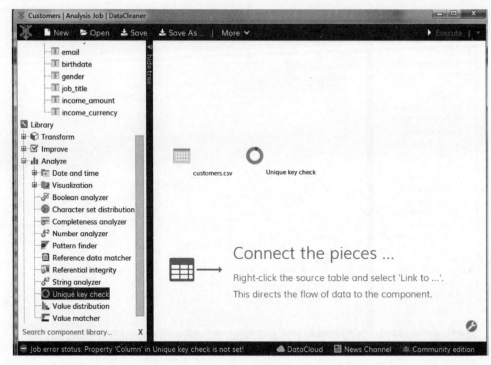

图 9-17　查看数据重复率

（2）在工作区右击 customers. csv 图标，在弹出的快捷菜单中选择 Link to…，建立 customers. csv 和 Unique key check 的联系，如图 9-18 和图 9-19 所示。

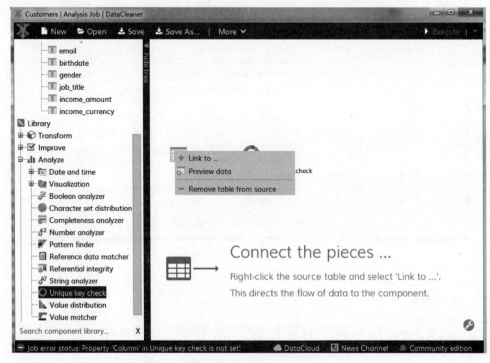

图 9-18　选择 Link to…

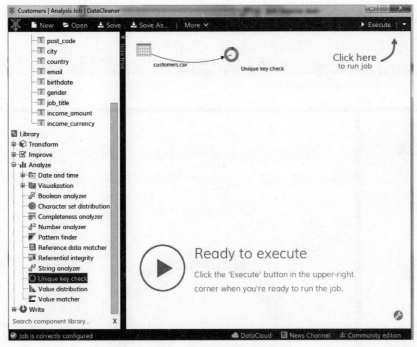

图 9-19　建立联系(1)

（3）双击 Unique key check 图标，在弹出的对话框中选中 id 选项，查看 id 字段中的数据重复率，如图 9-20 所示。

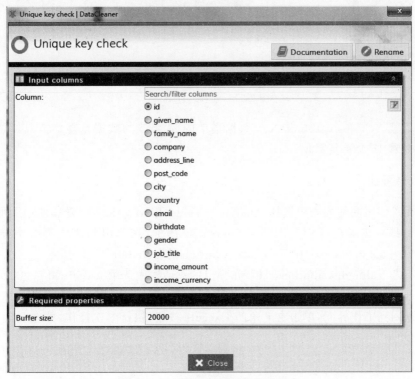

图 9-20　查看 id 字段的数据重复率

（4）返回到工作界面，单击右上角的 Execute 按钮，执行本次操作，并查看运行结果，如图 9-21 所示。

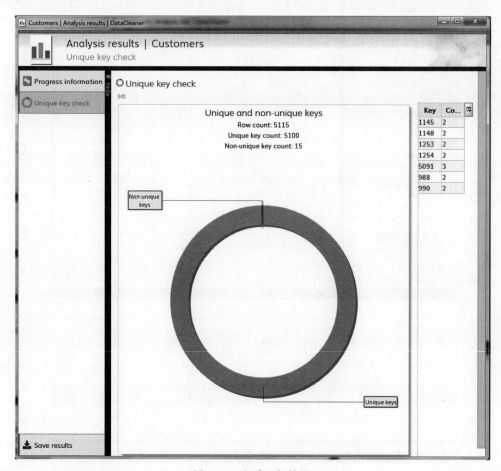

图 9-21　查看运行结果

图 9-21 显示了在 customers.csv 数据集中的 id 字段的数据重复率情况，可以看出，该字段存在着 15 个重复数据。

3. 数据可视化

（1）在工作区左侧列表中选择 Analyze→Value distribution，该操作使用图形显示数据的分布。接着在工作区中右击 customers.csv 图标，在弹出的快捷菜单中选择 Link to...，并建立 customers.csv 和 Value distribution 的联系，如图 9-22 所示。

（2）双击 Value distribution 图标，在弹出的对话框中选中 id，city 和 gender 字段，设置数据的维度，如图 9-23 所示。

（3）返回到工作界面，单击右上角的 Execute 按钮，执行本次操作，并查看运行结果，如图 9-24 和图 9-25 所示。

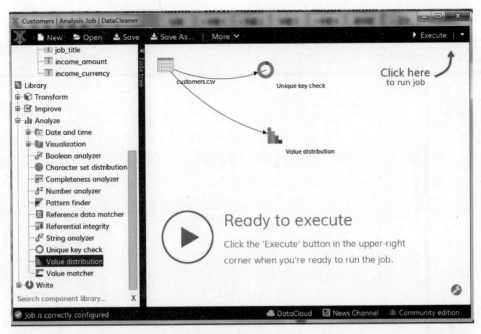

图 9-22   建立联系(2)

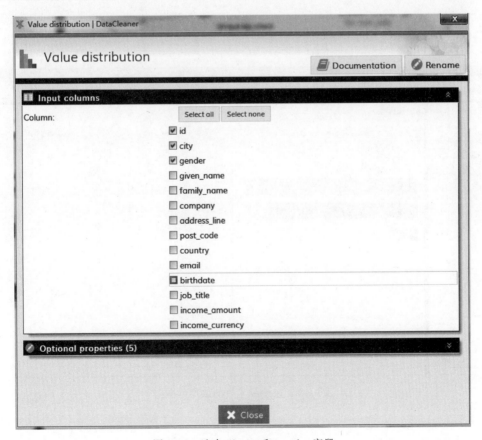

图 9-23   选中 id,city 和 gender 字段

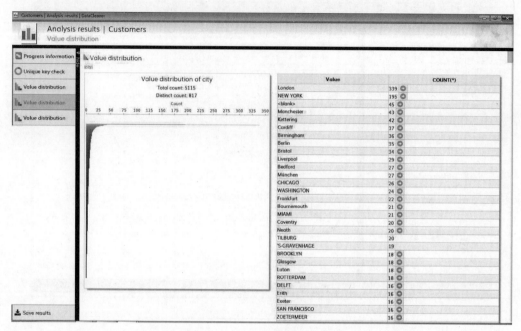

图 9-24　city 字段的数据可视化

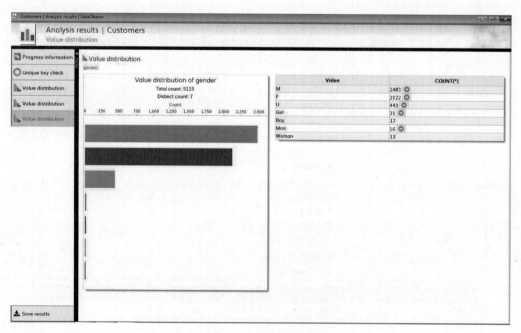

图 9-25　gender 字段的数据可视化

9.2.2　DataCleaner 数据分析实例

1. String analyzer

String analyzer 表示对字符串的分析。运行 DataCleaner,在工作区左侧列表中选择 Analyze→String analyzer。接着在工作区中右击 customers. csv 图标,在弹出的快捷菜单中选择 Link to...,并建立 customers. csv 和 String analyzer 的联系,如图 9-26 所示。

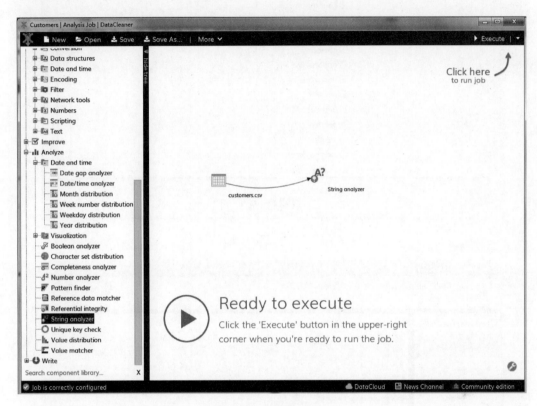

图 9-26　建立联系(3)

双击 String analyzer 图标,在弹出的对话框中选中 id,city 和 country 字段,如图 9-27 所示。

返回到工作界面,单击右上角的 Execute 按钮,执行本次操作,并查看运行结果,如图 9-28 所示。

单击 Row count 右侧的小图标,对数据进行可视化展示,如图 9-29 所示,显示了 id,city,country 字段的数据数量。

单击 Blank count 右侧的小图标,对数据进行可视化展示,如图 9-30 所示,显示了 id,city,country 字段的空值个数。

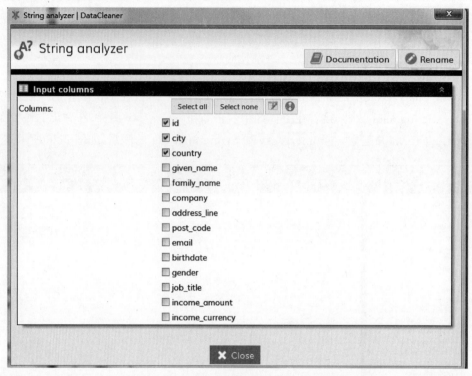

图 9-27　选中 id,city 和 country 字段

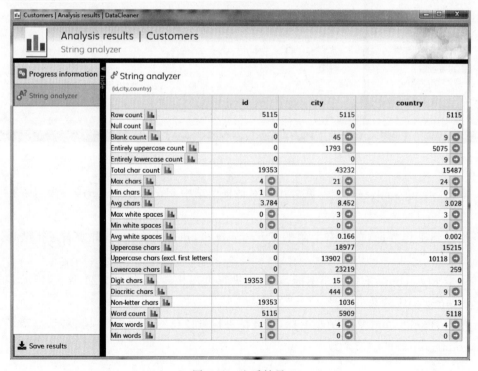

图 9-28　查看结果

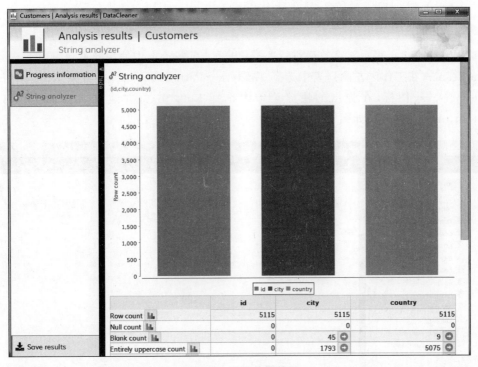

图 9-29 显示数据数量

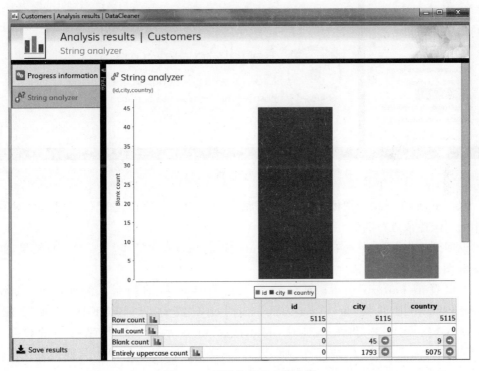

图 9-30 显示数据的空值个数

2. Pattern finder

Pattern finder 表示对字符串进行匹配,也就是在 Kettle 中使用的正则表达式。运行 DataCleaner,在工作区左侧列表中选择 Analyze→Pattern finder。接着在工作区中右击 customers. csv 图标,在弹出的快捷菜单中选择 Link to...,并建立 customers. csv 和 Pattern finder 的联系,如图 9-31 所示。

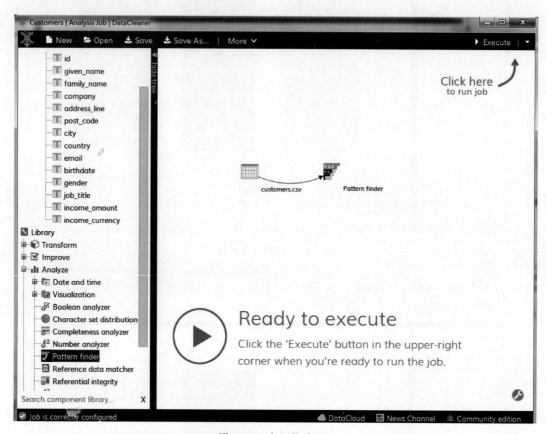

图 9-31　建立联系(4)

双击 Pattern finder 图标,在弹出的对话框中选中 city 字段,如图 9-32 所示,对数据表中的 city 字段进行匹配。

返回到工作界面,单击右上角的 Execute 按钮,执行本次操作,并查看运行结果,如图 9-33 和图 9-34 所示。

可以看出 Pattern finder 对 city 字段进行匹配后的结果。例如,city 名称为 Frederikssund 则匹配为 Aaaaaaaaaaaaaa;city 名称为 BEVERLY 则匹配为 AAAAAAA。图 9-33 和图 9-34 中,Match count 表示的是匹配字符串的数量,如 Aaaaaaaaaaaaaa 匹配到了 2937 个,而 AAAAA AAAAAA AAAAA 只匹配到了 1 个;Sample 为匹配到的字符串的具体内容。

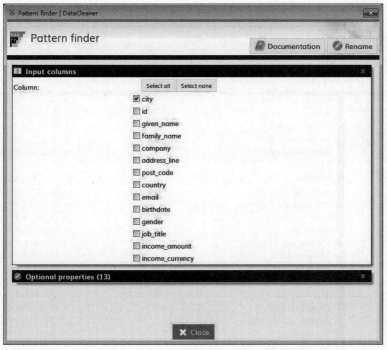

图 9-32 选中 city 字段

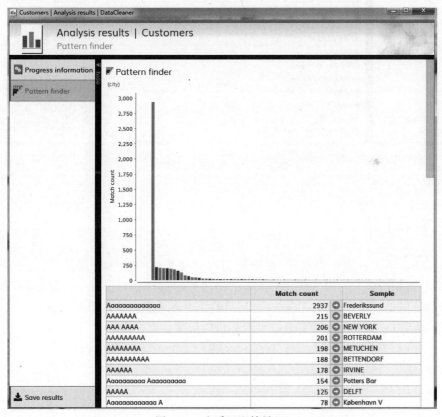

图 9-33 查看匹配结果(1)

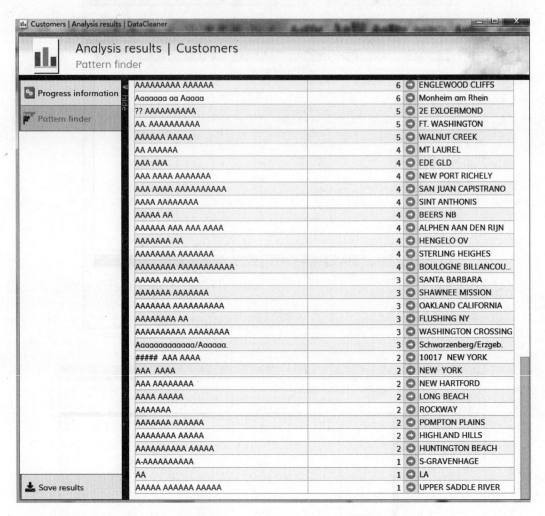

图 9-34　查看匹配结果(2)

9.3　本章小结

　　(1) DataCleaner 是一个简单、易于使用的针对数据质量的应用工具,旨在分析、比较、验证和监控数据。它能够将凌乱的半结构化数据集转换为所有可视化软件可以读取的干净的数据集。此外,DataCleaner 还提供数据仓库和数据管理服务。

　　(2) 使用 DataCleaner 可对数据进行分析和清洗。

9.4 实训

1. 实训目的

通过本章实训了解 DataCleaner 数据清洗的特点,能进行简单的与 DataCleaner 数据清洗有关的操作。

2. 实训内容

(1) 运行 DataCleaner,在工作区左侧列表中选择 Analyze → Character set distribution,该操作用于显示字符集的不同分布。接着在工作区中右击 customers.csv 图标,在弹出的快捷菜单中选择 Link to...,并建立 customers.csv 和 Character set distribution 的联系,如图 9-35 所示。

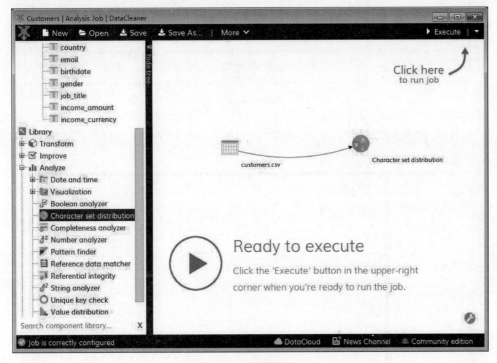

图 9-35 建立联系(5)

(2) 双击 Character set distribution 图标,在弹出的对话框中选中 family_name 字段,如图 9-36 所示,表示对数据表中的 family_name 字符数据进行识别。

(3) 返回到工作界面,单击右上角的 Execute 按钮,执行本次操作,并查看运行结果,如图 9-37 所示。

在 family_name 字段的数据中存在着多种不同的字符,甚至还有汉字字符,如图 9-38 所示。

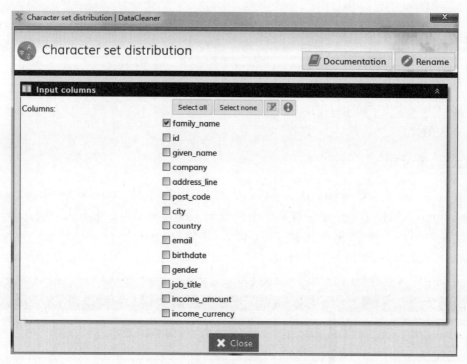

图 9-36　选中 family_name 字段

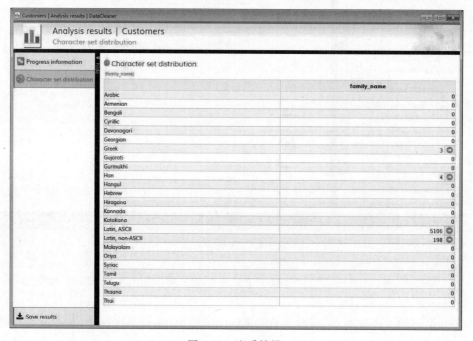

图 9-37　查看结果

id	given_name	family_name	company	address_line	post_code	city	country	email	birthdate	gender	job_title	income_amount	income_currency
4929	刘	李	News Corp.	149, High Str...	SN148LU	Chippenh...	GBR	Min.Li@do...	2008-2-12	M	SM	79874.0	GBP
4950	涛	王	Boeing	STE 400,100...	NC 27609-...	RALEIGH	USA	Tao.Wang...	1993-2-11	U	Consultant	191434.0	USD
5115	涛	王	Boeing	STE 400,100...	NC 27609-...	RALEIGH	USA	Tao.Wang...	1998-11-17	M	SA	62944.0	USD
5114	涛	王	Boeing	STE 400,100...	NC 27609-...	RALEIGH	USA	Tao.Wang...	1975-5-27	M	student	146120.0	USD

Records (4)　View detailed rows　Save dataset

图 9-40　汉字字符

习题 9

（1）什么是 DataCleaner？

（2）如何安装与运行 DataCleaner？

（3）如何使用 DataCleaner 进行数据分析与清洗？

第 **10** 章

数据清洗综合实训

本章学习目标

* 掌握 Pandas,能够进行数据清洗
* 掌握 Kettle,能够进行数据清洗

本章先介绍 Pandas 数据清洗的综合实训,再介绍 Kettle 数据清洗的综合实训。

10.1　Python 数据分组与显示

1. 实训目的

通过本实训了解数据清洗的特点,能进行简单的与 Python 相关的数据分组的操作。

2. 实训内容

本实训使用 Python 读取 CSV 文件,并进行数据聚合分组与显示,代码如下。

```
import pandas as pd
import matplotlib.pyplot as plt
df = pd.read_csv('music.csv', header = None, error_bad_lines = False, names = ['url', 'title',
'play', 'user'])
```

```python
# 数据聚合分组
place_message = df.groupby(['user'])
place_com = place_message['user'].agg(['count'])
place_com.reset_index(inplace = True)
place_com_last = place_com.sort_index()
dom = place_com_last.sort_values('count', ascending = False)[0:10]
# 设置显示数据
names = [i for i in dom.user]
names.reverse()
nums = [i for i in dom['count']]
nums.reverse()
data = pd.Series(nums, index = names)
# 设置图片显示属性,字体及大小
plt.rcParams['font.sans - serif'] = ['Microsoft YaHei']
plt.rcParams['font.size'] = 10
plt.rcParams['axes.unicode_minus'] = False
# 设置图片显示属性
fig = plt.figure(figsize = (16, 8), dpi = 80)
ax = plt.subplot(1, 1, 1)
ax.patch.set_color('white')
# 设置坐标轴属性
lines = plt.gca()
# 设置坐标轴颜色
lines.spines['right'].set_color('none')
lines.spines['top'].set_color('none')
lines.spines['left'].set_color((64/255, 64/255, 64/255))
lines.spines['bottom'].set_color((64/255, 64/255, 64/255))
# 设置坐标轴刻度
lines.xaxis.set_ticks_position('none')
lines.yaxis.set_ticks_position('none')
# 绘制柱状图,设置柱状图颜色
data.plot.barh(ax = ax, width = 0.7, alpha = 0.7, color = (153/255, 0/255, 102/255))
# 添加标题,设置字体大小
ax.set_title('歌单贡献 UP 主 TOP10', fontsize = 18, fontweight = 'light')
# 添加歌曲出现次数文本
for x, y in enumerate(data.values):
    plt.text(y + 0.3, x - 0.12, '%s' % y, ha = 'center')
# 显示图片
plt.show()
```

图 10-1 所示为 music.csv 部分内容;图 10-2 所示为运行结果。

	A	B	C	D	E	F	G	H
1	/playlist?id=2489237233	"我不是单身，只是在等人"	44万	DJ顾念晨				
2	/playlist?id=619683729	正巧此处飘雪，不知可否邂卿共白头？	10万	-伴伴得意-				
3	/playlist?id=2553249650	新的一年，希望你喜欢的人也喜欢你	540万	雾与晨的杂货店				
4	/playlist?id=2499700079	独立摇滚的引航｜照亮航行之路的灯塔	73万	溺水小熊				
5	/playlist?id=2179431622	『国摇』一百支乐队一百种精神信仰	861万	浮梦沉生				
6	/playlist?id=2201879658	你的青春里有没有属于你的一首歌？	7192万	mayuko然				
7	/playlist?id=2232237850	耳朵喜欢你 好听到可以单曲循环	6067万	鹿白川				
8	/playlist?id=2204388891	『网易云热歌』热评10w+（持续更新）	3955万	#NAME?				
9	/playlist?id=826721715	你需要一首BGM，来撑起你的内心戏！	2950万	小铁Joe				
10	/playlist?id=2230318386	予你情诗百首，余生你是我的所有	3294万	YouTube视频推荐				
11	/playlist?id=2436256378	再见大侠：武侠小说泰斗金庸逝世	785万	云音乐歌单之友				
12	/playlist?id=2128560894	｜车载嗨曲 开车靠的是感觉，不是眼睛	240万	Radio-Music				
13	/playlist?id=2076817880	一个天秤座的听歌列表。	300万	乌弥koli				
14	/playlist?id=2466312782	那些喜欢到循环播放的歌	3329万	暖酱酱				
15	/playlist?id=815573174	好 听 到 可 以 单 曲 循 环（中）	6881万	迟到情书				
16	/playlist?id=2087977522	左耳莫文蔚 右耳陈奕迅 心里王菲	155万	星西肖				
17	/playlist?id=2155659723	一首陈奕迅一首杨千嬅	294万	大圆老陈				
18	/playlist?id=948471242	古风伤恋｜待到红颜消 音容无归期	1432万	逻ran				
19	/playlist?id=2399099637	朗朗入耳的歌曲｜中文DJ版｜音魂不散	107万	借风捎妳				
20	/playlist?id=1989404390	可爱又迷人的反派角色	164万	我从未停止过爱你只是你不再相信				
21	/playlist?id=2130180378	人世间有百媚千红 唯独你是我情之所钟	98万	-古月_哥欠-				
22	/playlist?id=2127487363	2018抖音热门BGM，持续更新（抖音2018）	1351万	活该你风生水起				
23	/playlist?id=2214600893	华语精选·怎样惊艳一首歌 才够资格10w+	859万	KillBunny				
24	/playlist?id=2103441492	［杂］超甜的歌♡	262万	殺死喜歡一_				
25	/playlist?id=2433860552	谁说翻唱不好听	113万	苏暘				
26	/playlist?id=2353275887	精选｜林宥嘉 薛之谦 徐秉龙 毛不易 李荣	409万	出海				
27	/playlist?id=998417689	声控福利 那些声音超好听的小哥们！	265万	想要天天吃榴莲				
28	/playlist?id=885997754	甜甜的情歌说唱耶	205万	小兔ovo				
29	/playlist?id=2182683172	致回去的校园，致那美好的曾经	1318万	可尼晨				
30	/playlist?id=2041615881	『曲作精选』细数古风圈原创作曲人❶	1335万	花色游戏				
31	/playlist?id=2259080870	Cover理想男友音_那些好听的男生翻唱	148万	大露po				
32	/playlist?id=2578068117	2018年度最热新歌TOP100	2779万	网易云音乐				
33	/playlist?id=2311652274	拯救坏情绪→为你唱一首明媚的歌	208万	神威有呆毛				
34	/playlist?id=982705650	好想变成雪啊 这样就可以落在先生肩上了	531万	跨过凌晨				
35	/playlist?id=957696323	中文女生说唱（封面当然是我x611 G）	135万	KezhiWorks				
36	/playlist?id=941306349	「华语」哭泣使人乞讨，思念使人奔跑	5552万	Amber、Queen				
37	/playlist?id=2235991473	表白撩妹歌曲｜你还害怕没有对象吗	728万	宁遇夏				
38	/playlist?id=2474537199	若是心怀旧梦 郑别再无疾而终	839万	与你赴海				
39	/playlist?id=2430524968	别急，甜甜的恋爱马上就轮到你了	2649万	名侦探-柯北				
40	/playlist?id=2001908144	【古风】戏腔燃曲	94万	星眸却年华				
41	/playlist?id=2139305008	岁月如潮水，将我向老歌推	2671万	丑萌的猫				
42	/playlist?id=2187630919	网红歌曲【抖音歌曲集合】	86万	ObesityCat				
43	/playlist?id=2072746062	魔道祖师｜"道长"洋洋想吃糖"	96万	马与大众				
44	/playlist?id=2181695887	后来的我们 唱着《后来》消失在人海	738万	金喻诗				
45	/playlist?id=2201957752	我最大的遗憾 是你的遗憾与我有关	1244万	雾与晨的杂货店				

图 10-1　music.csv 部分内容

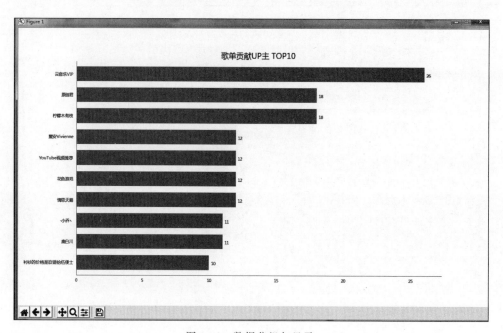

图 10-2　数据分组与显示

10.2　Python 数据清洗与显示

1. 实训目的

通过本实训了解数据清洗的特点，能进行简单的与 Python 相关的数据清洗的操作。

2. 实训内容

本实训使用 Python 读取 CSV 文件，并进行数据清洗、排序与显示，代码如下。

```python
import pandas as pd
import matplotlib.pyplot as plt
df = pd.read_csv('music_message_4.csv', header = None)
# 数据清洗
dom = []
for i in df[3]:
    dom.append(int(i.replace('万', '0000')))
df['collection'] = dom
# 数据排序
names = df.sort_values(by = 'collection', ascending = False)[0][:10]
collections = df.sort_values(by = 'collection', ascending = False)['collection'][:10]
# 设置显示数据
names = [i for i in names]
names.reverse()
collections = [i for i in collections]
collections.reverse()
data = pd.Series(collections, index = names)
# 设置图片显示属性,字体及大小
plt.rcParams['font.sans - serif'] = ['Microsoft YaHei']
plt.rcParams['font.size'] = 8
plt.rcParams['axes.unicode_minus'] = False
# 设置图片显示属性
fig = plt.figure(figsize = (16, 8), dpi = 80)
ax = plt.subplot(1, 1, 1)
ax.patch.set_color('white')
# 设置坐标轴属性
lines = plt.gca()
# 设置坐标轴颜色
lines.spines['right'].set_color('none')
lines.spines['top'].set_color('none')
lines.spines['left'].set_color((64/255, 64/255, 64/255))
lines.spines['bottom'].set_color((64/255, 64/255, 64/255))
# 设置坐标轴刻度
lines.xaxis.set_ticks_position('none')
lines.yaxis.set_ticks_position('none')
# 绘制柱状图,设置柱状图颜色
data.plot.barh(ax = ax, width = 0.7, alpha = 0.7, color = (8/255, 88/255, 121/255))
```

```
# 添加标题,设置字体属性
ax.set_title('网易云音乐华语歌单收藏 TOP10', fontsize = 18, fontweight = 'light')
# 添加歌单收藏数量文本
for x, y in enumerate(data.values):
    num = str(y/10000)
plt.text(y + 20000, x - 0.08, '% s' % (num + '万'), ha = 'center')
# 显示图片
plt.show()
```

图 10-3 所示为运行结果。

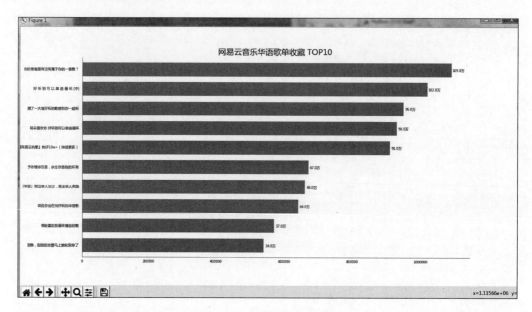

图 10-3　数据清洗与显示

10.3　Kettle 分组排序

1. 实训目的

通过本实训了解数据清洗的特点,能进行简单的与 Kettle 相关的分组排序的操作。

2. 实训内容

使用 Kettle 对数据进行分组排序。

(1) 启动 Kettle 后,新建转换,在"输入"列表中选择"自定义常量数据"步骤,在"转换"列表中选择"排序记录"步骤,在"统计"列表中选择"分组"步骤,在"应用"列表中选择"写日志"步骤,分别拖动到右侧工作区中,并建立彼此之间的节点连接关系,如图 10-4 所示。

图 10-4 分组排序工作流程

(2) 双击"自定义常量数据"图标,在"元数据"和"数据"选项卡中分别设置内容,如图 10-5 和图 10-6 所示。

#	名称	类型	格式	长度	精度	货币类型	小数	分组	设为空串?
1	deptno	String							否
2	ename	String							否
3	sal	Integer							否

图 10-5 设置元数据

#	deptno	ename	sal
1	d1	e1	234
2	d1	e2	3456
3	d1	e3	234
4	d1	e4	889
5	d2	e5	1112
6	d2	e6	13
7	d2	e7	868

图 10-6 设置数据

(3) 双击"排序记录"图标,设置字段的排序,如图 10-7 所示。

(4) 双击"分组"图标,设置分组字段 deptno,如图 10-8 所示。

图 10-7　设置字段的排序

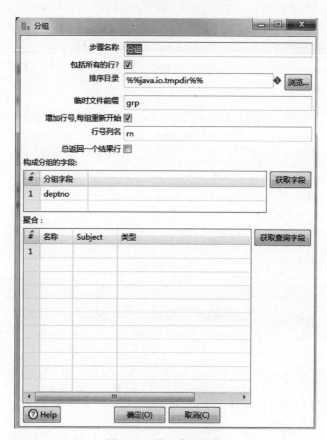

图 10-8　设置分组字段

（5）双击"写日志"图标，设置写入的日志字段内容，如图 10-9 所示。

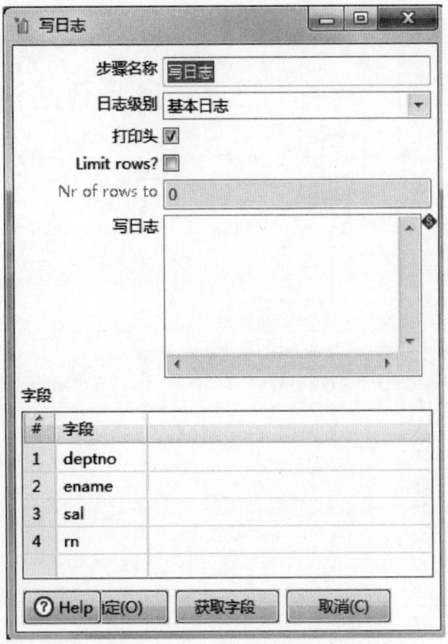

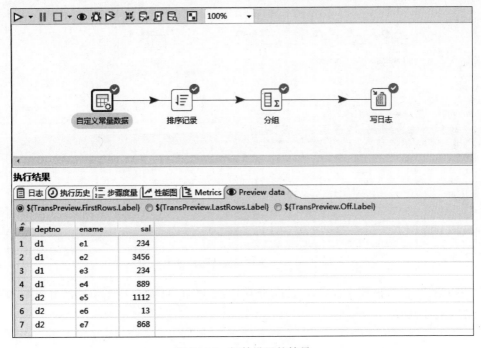

图 10-9　写日志

（6）保存该文件，运行转换。分别单击"自定义常量数据""排序记录""写日志"图标，在执行结果区域的 Preview data 选项卡中查看程序最终执行的结果，如图 10-10～图 10-12 所示。

图 10-10　初始设置的结果

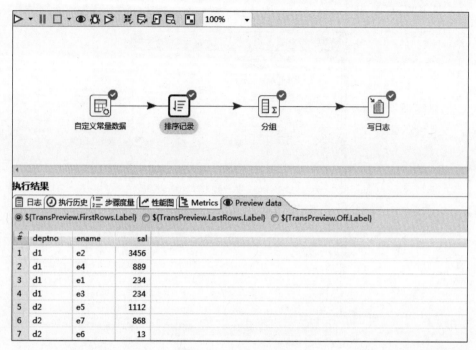

图 10-11　排序后的结果

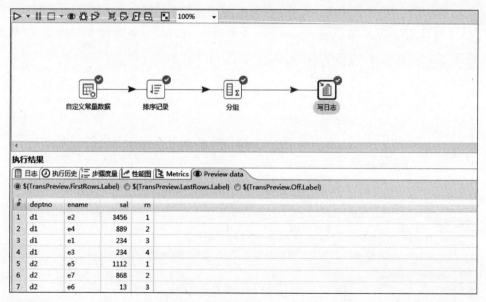

图 10-12　最终写入日志的结果

可以看出,执行该程序以后,deptno 字段中的 d1 和 d2 被分在了不同的分组中,并对其数据进行了排序。

10.4　Kettle 模糊匹配

1. 实训目的

通过本实训了解数据清洗的特点,能进行简单的与 Kettle 相关的模糊匹配的操作,并能根据不同的匹配方式选择不同的算法。

2. 实训内容

使用 Kettle 对数据进行模糊匹配。

(1) 启动 Kettle 后,新建转换,在"输入"列表中选择"自定义常量数据"步骤,在"查询"列表中选择"模糊匹配"步骤,分别拖动到右侧工作区中,其中"自定义常量数据"步骤须拖动两次,并重命名为 tab-1 和 tab-2,建立彼此之间的节点连接关系,如图 10-13 所示。

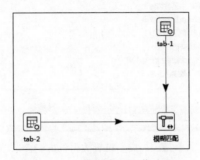

图 10-13　模糊匹配工作流程

(2) 双击 tab-1 图标,在"元数据"和"数据"选项卡中分别设置内容,如图 10-14 和图 10-15 所示。

图 10-14　设置元数据(tab-1)

图 10-15　设置数据(tab-1)

（3）双击 tab-2 图标，在"元数据"和"数据"选项卡中分别设置内容，如图 10-16 和图 10-17 所示。

图 10-16　设置元数据(tab-2)

（4）双击"模糊匹配"图标，在"一般"和"字段"选项卡中分别设置内容，如图 10-18 和图 10-19 所示。其中，在"一般"选项卡中将"匹配步骤"选择为 tab-1，将"匹配字段"选择

图 10-17　设置数据(tab-2)

为 name,将"主要流字段"选择为 name,将"算法"选择为 Levenshtein,将最小值设置为 0,最大值设置为 3。并在"字段"选项卡中将"匹配字段"设置为 match,将"值字段"设置为 measure value。

图 10-18　模糊匹配设置(1)　　　　　图 10-19　模糊匹配设置(2)

本例采用 Levenshtein 算法计算两个字符串之间的 Levenshtein 距离,Levenshtein 距离又称为编辑距离,是指两个字符串之间由一个转换成另一个所需的最少的编辑操作次数。许可的编辑操作包括将一个字符替换成另一个字符,或是插入/删除一个字符。

(5) 保存该文件,运行转换,单击"模糊匹配"图标,在执行结果区域中的 Preview data 选项卡查看结果,如图 10-20 所示。

从图 10-20 可以看出,即使输入 tab-2 中的书名有错字、别字或是书名不完整,依然可以匹配到 tab-1 中的正确书名。

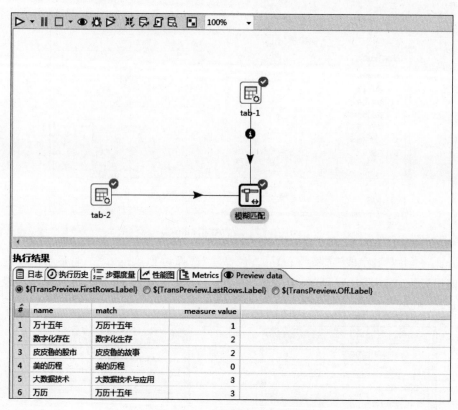

图 10-20 查看模糊匹配结果

参 考 文 献

[1] 刘鹏. 大数据[M]. 北京：电子工业出版社,2017.

[2] 黄宜华. 深入理解大数据[M]. 北京：机械工业出版社,2014.

[3] 零一,韩要宾,黄园园. Python 3 爬虫、数据清洗与可视化实战[M]. 北京：电子工业出版社,2018.

[4] 黄源. 大数据分析(Python 爬虫、数据清洗和数据可视化)[M]. 北京：清华大学出版社,2020.

[5] 黄源. 数据清洗[M]. 北京：机械工业出版社,2020.

[6] 刘硕. 精通 Scrapy 网络爬虫[M]. 北京：清华大学出版社,2017.

[7] 杨尊琦. 大数据导论[M]. 北京：机械工业出版社,2018.

[8] 林子雨. 大数据技术原理与应用[M]. 北京：人民邮电出版社,2017.

[9] 周苏. 大数据可视化[M]. 北京：清华大学出版社,2018.

[10] 黄源. 大数据技术与应用[M]. 北京：机械工业出版社,2020.

图书资源支持

感谢您一直以来对清华版图书的支持和爱护。为了配合本书的使用，本书提供配套的资源，有需求的读者请扫描下方的"书圈"微信公众号二维码，在图书专区下载，也可以拨打电话或发送电子邮件咨询。

如果您在使用本书的过程中遇到了什么问题，或者有相关图书出版计划，也请您发邮件告诉我们，以便我们更好地为您服务。

我们的联系方式：

地　　址：北京市海淀区双清路学研大厦 A 座 714

邮　　编：100084

电　　话：010-83470236　010-83470237

客服邮箱：2301891038@qq.com

QQ：2301891038（请写明您的单位和姓名）

资源下载：关注公众号"书圈"下载配套资源。

资源下载、样书申请

书圈

获取最新书目

观看课程直播